高速重载机械压力机
动力学性能分析与试验研究

陈 宇◎著

RESEARCH ON THE DYNAMIC
CHARACTERISTICS AND
EXPERIMENTAL APPROACH OF
HIGH-SPEED AND HEAVY-LOAD
MECHANICAL PRESS SYSTEM

北京理工大学出版社
BEIJING INSTITUTE OF TECHNOLOGY PRESS

图书在版编目（CIP）数据

高速重载机械压力机动力学性能分析与试验研究／陈宇著．—北京：北京理工大学出版社，2019.12

ISBN 978 – 7 –5682 –8064 –8

Ⅰ．①高…　Ⅱ．①陈…　Ⅲ．①高速压力机 – 动力学性能 – 研究　Ⅳ．①TG375

中国版本图书馆 CIP 数据核字（2019）第 297734 号

出版发行／北京理工大学出版社有限责任公司

社　　　址／北京市海淀区中关村南大街 5 号

邮　　　编／100081

电　　　话／（010）68914775（总编室）

　　　　　　（010）82562903（教材售后服务热线）

　　　　　　（010）68948351（其他图书服务热线）

网　　　址／http：//www. bitpress. com. cn

经　　　销／全国各地新华书店

印　　　刷／保定市中画美凯印刷有限公司

开　　　本／710 毫米×1000 毫米　1/16

印　　　张／11.75

字　　　数／201 千字

版　　　次／2019 年 12 月第 1 版　2019 年 12 月第 1 次印刷

定　　　价／68.00 元

责任编辑／刘兴春

文案编辑／封　雪

责任校对／刘亚男

责任印制／王美丽

前 言

　　机械压力机是金属成形加工领域中的基础装备，其中高速重载机械压力机以其生产效率高、冲压范围广的优点，被广泛应用于航空航天、汽车制造、冶金化工等工业领域。随着相关行业的迅速发展，如何提高压力机的加工精度和稳定性以满足冲压零件的精度要求，已经成为高速重载机械压力机关键技术研究的重要问题。本书在理论分析和数值计算的基础上，对高速重载机械压力机传动机构运动学特性、传动机构动力学特性及支承轴承动力学特性进行了深入研究，为高速重载机械压力机的设计提供理论依据和技术支持。

　　本书主要从以下几方面开展了高速重载机械压力机动力学性能分析与试验方法研究的工作：

　　根据高速重载机械压力机工作原理和性能指标，建立了传动机构的运动学分析模型，得到了传动机构的运动轨迹。考虑高速重载机械压力机运动过程中构件受惯性力的影响，基于达朗贝尔原理建立了高速重载机械压力机传动机构的动态静力学分析模型，并进行了传动机构构件的力学分析。上述分析结果为后续高速重载机械压力机传动机构动力学特性和支承轴承动力学特性的研究提供了理论依据。

　　为了有效地描述含间隙高速重载机械压力机传动机构运动过程，对已有的传统接触碰撞力模型进行了详细的对比与分析。进一步，基于 Lankarani 和 Nikravesh 提出的非线性弹性阻尼模型，分析了间隙尺寸、恢复系数和初始碰撞速度对含间隙转动副碰撞过程的影响。在此基础上，建立了含间隙高速重载机械压力机传动机构的动力学模型，研究了转动副间隙对传动机构动力学特性的影响。研究结果为含柔性构件传动机构动态特性研究提供了理论基础。

在深入研究含间隙高速重载机械压力机传动机构动力学特性的基础上，考虑构件柔性特征的影响，建立了高速重载机械压力机传动机构的刚柔耦合模型。通过仿真计算结果与试验测试结果的对比，验证了该模型的正确性和有效性，并对传动机构动态特性的影响参数进行了详细分析。在此基础上，提出了含柔性构件传动机构动态特性的定量分析方法，揭示了构件柔性、间隙尺寸和曲轴转速对传动机构动态特性的影响规律。

以高速重载机械压力机曲轴支承轴承为研究对象，在综合考虑流体润滑性能、气穴效应和热弹性变形影响的基础上，建立了由流体润滑方程、能量方程和气穴方程等组成的支承轴承的动力学特性分析模型。基于上述模型，对支承轴承动力学特性进行了详细的分析，揭示了油槽结构参数、偏心率、曲轴转速和油膜厚度对支承轴承动力学特性的影响规律。

最后，在上述研究的基础上，完成了高速重载机械压力机的制造与调试。同时，结合本书高速重载机械压力机关键技术的研究内容，搭建了高速重载机械压力机性能试验平台，并进行了相关性能测试和分析。试验结果表明高速重载机械压力机能够满足高效率、高精度和高负载的加工要求，并验证了本书提出的理论研究方法的正确性。

本书由江苏理工学院陈宇撰写，南京理工大学冯君、彭旭、陈浩、王禹、施信疑、王顺尧、吴旭泽，江苏科技大学何强，上海工程机械厂有限公司张建平等参与了资料整理和编排工作。同时感谢南京理工大学孙宇教授给予的指导与支持，正是孙老师的辛苦付出才使得本书中的相关工作顺利完成。本书还得到了北京理工大学出版社的大力帮助与支持，在此一并致以深深的谢意。

虽然我们追求尽善尽美的作品，但限于我们的水平，书中可能会有不足和不妥之处，恳切欢迎读者指正。

作　者

2019 年 4 月

目　录
CONTENTS

1 绪　　论

1.1　研究背景和意义

随着现代工业的发展，金属成形产品越来越复杂，表面质量要求越来越高，生产时间要求越来越短。冲压工艺是一种直接将材料通过塑性变形加工成形的工艺方式，相比传统的金属切削工艺，采用冲压工艺生产工件具有效率高、质量好、重量轻和成本低的特点。工业先进的国家越来越多地采用冲压工艺代替切削工艺和其他工艺。作为工业基础装备重要的组成部分，冲压设备向着高效率、高精度和高负载的目标迈进。机械压力机是金属成形加工领域中广泛使用的冲压装备，具有效率高、质量好和成本低的特点，广泛应用于航空航天、冶金化工、汽车制造、机械电子等工业领域[1]。据统计，冲压零件占汽车总零件数的 75% 以上，在家电类产品中占 60% 以上，在飞机零件总数中占 50% 以上。

冲压零件主要向着两种生产方式发展，即功能性冲压零件的大批量生产和外观性零件的中小批量生产。功能性冲压零件，如中小型电机的定转子矽钢片冲压件、变压器矽钢片冲压件和刮脸刀片等，它们的形状和尺寸不断趋于标准化和系列化，生产批量越来越大，为了提高劳动生产率和降低生产成本，在冲压设备上进行级进冲压已成为该类零件冲压生产的主要发展方向。近年来，电子、通信、计算机、家电及汽车工业的迅猛发展，对功能性冲压零件的需求猛增。尤其是在中国加入（世界贸易组织）WTO 之后，市场全球化的步伐加快，竞争越来越激烈，这就要求冲压件精度高、质量好而且成本低。因此，机械压力机的技术水平和拥有量可以作为一个衡量国家工业水平的标志，现代工业的发展也要求机械压力机具有高效率、高精度以及高负载的特点[2-3]。

以汽车行业为例，汽车冲压件生产中采用大量的冷冲压工艺适合汽车冲压件多品种、大批量生产的需要。在中、重型汽车中，大部分覆盖件如车身外板等，以及一些承重和支撑件如车架、车厢等汽车零部件都是冲压件（图1.1.1）[4-5]。用于冷冲压的钢材主要是钢板和钢带，占整车钢材消耗量的72.6%，冷冲压材料与汽车冲压件生产的关系十分密切，材料的好坏不仅决定产品的性能，更直接影响到汽车冲压件工艺的过程设计，影响到产品的质量、成本、使用寿命和生产组织。冲压产品（特别是精密冲压产品）具有以下特点[6-8]：① 产品质量的一致性，即所有同型号产品质量高度一致，所有同型号产品实现完全互换；② 装配的适合性，即所有零件必须达到与其他各种零件在装配方面的完美配合，特别是高精度机电设备的精密零部件，要求的尺寸误差非常苛刻，如某产品金属板面平整度误差范围要求在±0.05 mm之间；③ 生产的高效性，即与其他金属成形工艺如铸造、锻造等相比，冲压工艺在生产效率方面具有明显的优势。

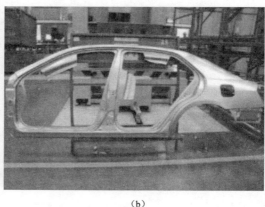

（a）　　　　　　　　　　　　　　（b）

图1.1.1　典型冲压设备及产品

同时，进入21世纪以来，市场国际化、采购全球化给中国的制造业带来巨大的商机。中国现在已经是世界汽车最大市场、最大生产国之一，而中国正被纳入汽车零部件全球采购体系中[9-10]。汽车工业的发展，为中国的冲压行业提供了极大的发展机遇。近年来，我国汽车冲压件行业运行态势良好，产量、市场需求量以及市场规模都保持稳定增长，2010—2015年间，冲压件产量从3 305万t增长至4 620万t，需求量从3 155万t增长至4 250万t，同时市场规模也从5 165亿元增长至6 800亿元。为了跟上这种变化速度，在此期间，传统锻造企业纷纷通过扩产、合资、联合等方法来提升自身能力[11-12]。同时，越来越多的新企业进入冲压制造领域，与传统的冲压装备制造企业同台竞技，使我国重要冲压装备制造企业数量不断增加，在不断满足市场需求的同时，客观上壮大了我国冲压行业整体规模。

因此，随着机械工业，尤其是汽车制造业的飞速发展，零部件设计与生产过程的高精度、高性能、高效率、低成本、低能耗，已成为提高产品竞争力的主要途径，普通冲压方法已难以满足发展的需求。高速重载机械压力机作为一种先进冲压设备，已经伴随着汽车产业的发展而得到了迅速的发展[13-14]。

普通机械压力机成本较低，但工作效率不高，仅能满足小批量零件的生产需要。相对普通机械压力机而言，高速重载机械压力机具有高效率、高精度和高负载的优点，其较高的自动化程度可以保证下死点的成形精度，从而避免人为操作误差，降低人工成本，提高生产效率和加工精度。科技重大专项实施管理办公室根据《国家中长期科学和技术发展规划纲要（2006—2020年)》要求，在"高档数控机床与基础制造装备"科技重大专项中设立了高速重载机械压力机的相关研究课题，推动了我国冲压设备的发展[15-16]。由此可见，高速重载机械压力机动力学性能分析与试验研究受到越来越高的重视。

现代制造技术的发展迫使机械压力机不仅需要满足高效率和高精度的要求，而且应具有更高的稳定性，并能适用于不同类型的冲压工艺[17-18]。近年来，我国高速重载机械压力机动力学性能分析与试验研究已得到了迅速的发展，虽然部分产品的性能指标接近或达到国际先进水平，但整体技术水平仍存在一定的差距。目前，国内高速重载机械压力机的下死点动态精度与国外产品相比较低，而传动机构稳定性也落后于国外同类产品。公称压力和滑块下死点动态精度是衡量高速重载机械压力机性能的重要指标。公称压力的大小可以反映出高速重载机械压力机的加工能力，而下死点动态精度的大小可以有效地描述高速重载机械压力机稳定性，对产品的加工精度也有很大的影响[19]。高速重载机械压力机传动机构动力学特性与压力机的公称压力和下死点动态精度密切相关。在实际工程中，传动机构是高速重载机械压力机机械系统的重要组成部分，实现机械系统的动力传递，而传动机构中的构件之间通常采用一组转动副连接在一起。机械系统的构件越多、任务越复杂，功能越强大，同时包含的转动副也越多，转动副间隙对机构的影响也就越来越大[20]。因此，在高速重载机械压力机传动机构设计时需要深入考虑转动副间隙的影响。转动副间隙主要由三种原因产生[21-23]：① 为了满足产品装配需求，在设计过程中配合公差的选择会形成规则的间隙误差；② 零件加工制造过程必然会存在一定的加工误差；③ 由于机构长期磨损而引起的间隙误差。间隙的存在对高速重载机械压力机传动机构动力学特性的影响很大，会引起传动机构运行抖动。特别是在实际工程中，随着时间的推移，转动副间隙由于磨损而逐渐增大，导致高速重载机械压力机传动机构运动精度和工作性能逐渐降低，甚至失效[24-25]。由于转动副间隙对机构动力学特性影响较大，因此转动副中无论哪种间隙都是不希望存在的，转动副间隙对机构的不良影响表现可以归纳为以下几点：① 间隙会导致机构的实际运动轨迹与理想运动轨迹之间发生偏离，从而使得机构运动精度与性能下降，甚至失效；② 由于转动副存在间隙，转动副元素之间会发生接触碰撞，使得机构关节处接触碰撞力增大，加剧了对机构的破坏效应，并严重地产生噪声与振动，进而导致机构的工作效率降低；③ 含间隙转动副元素之间的接触碰撞力会激起机构构件的弹性振动，并使得弹性变形增大，会进一步影响机械机构的稳定性或工作精度，有可能导致机构失效；④ 对于一些有往复运动机构的机械及一些间歇运动机构来说，间隙过大会导致机构的失调；⑤ 对于一些高副连接的高速运动机构，有磨损存在会使机构产生严重的振动与噪声，并导致精度降低、性能下降和故障隐患；⑥ 转动副间隙产生的冲击力会加剧机构磨损，而磨损又会进一步增大间隙，且磨损产生的碎屑会造成其他零件的表面损失、润滑油的污染和油路的堵塞等。据相关统计分析表明，30%～80%的设备损坏是由于各种形式的磨损引起的，而且磨损不仅是机械零部件的一种主要失效形式，也是引起其他后续失效的最初原因。由此可见，由于高速重载机械压力机工作环境较为复杂，曲轴支承轴承动力学特性会对曲轴转动的稳定性产生很大的影响，从而影响高速重载机械压力机的加工精度。目前，国内高速重载机械压力机的设计主要以仿照国外同类产品为主，在传动机构动力学特性分析、支承轴承结构设计、高速重载机械压力机动态精度保障技术等核心技术方面掌握较少，这些技术瓶颈严重制约了我国高速重载机械压力机设计与制造的发展。

本书以国家科技重大专项"高档数控机床与基础制造装备"研究内容

为背景，针对高速重载机械压力机关键技术进行了相关的研究。本书将对高速重载机械压力机传动机构运动学特性、含间隙传动机构动力学特性、传动机构稳定性分析和支承轴承动力学特性等方面进行深入的研究，以期解决限制该项技术发展的技术难题。书中所研究的内容对于促进我国高速重载机械压力机的设计、制造以及相关技术的发展具有重要的理论意义和应用价值。

1.2　高速重载机械压力机研究现状

1.2.1　高速重载机械压力机的结构特点

高速重载机械压力机是带有自动送料装置，能够进行高效率、高精度的板料成形加工的一种冲压设备，具有自动、高速、精密三个基本特点。从简单的速度观念来看，根据主滑块最大行程次数可分为三个速度等级：次高速（200～400 spm①）、高速（400～1 000 spm）和超高速（>1 000 spm）。随着高速机械压力机技术的不断发展和行程次数的不断提高，也有部分学者将其重新分类为：准高速（200～800 spm）、真高速（800～1 500 spm）和超高速（>1 500 spm）。但事实上，机械压力机实现高速化的技术难度还与公称压力有关。因此，对高速重载机械压力机的"高速性"不能简单用最大行程次数来衡量，还需同时给出公称压力定义。公称压力是机械压力机重要的性能指标，能够有效地描述机械压力机的加工能力。按压力机的吨位来分，机械压力机主要有小型压力机、中型压力机和大型（重载）压力机三种类型[26-27]。小型机械压力机公称压力小于1 000 kN，适用于小吨位、小工作台面的加工要求，具有装配简单和整机体积小等优点。而中型和大型（重载）机械压力机通常在机构运动平面对称布置两组同步的传动机构，具有较好的抗偏载能力和稳定性。此外，大型（重载）机械压力机公称压力在3 000 kN以上，可适用于大工作台面、大吨位的冲压加工。

对于高速重载机械压力机而言，传动机构是其重要组成部分，是实现冲压设备加工工艺的执行机构，也是构件之间动力传递的主要部分[28-29]。由于

---

①　spm 即 strokes per minute，每分钟行程次数。

具有结构简单、工作精度高、操作条件好及便于维护等优点，曲柄式机械压力机在高速重载机械压力机产品中占有重要的地位。典型曲柄式机械压力机的原理如图1.2.1所示，传动机构为一般的曲柄滑块机构，可以完成冲裁、落料、切边等加工工艺。曲柄式机械压力机工作原理是通过曲柄滑块机构将电机的旋转运动转换成滑块竖直方向的往复运动，从而对坯料进行成形加工[30-31]。高速重载机械压力机在工作时承受周期性的冲击力，冲击载荷是主要的工作负荷形式，在工作周期内冲压工作时间很短，因而在传动机构中装有飞轮。电机通过皮带轮带动飞轮高速转动并积蓄动能，冲压加工时制动器脱开，释放动能完成坯料冲压。曲柄式机械压力机结构设计简单，整机刚度高，具有良好的抗变形能力，便于维护[32]。因此，曲柄式机械压力机应用范围广泛，能够满足冲裁、落料、切边等加工工艺的需求，具有较强的通用性。

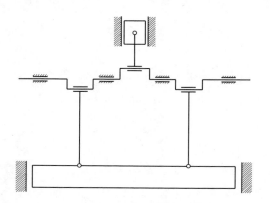

图1.2.1 曲柄式机械压力机

根据上述分析可知，曲柄式机械压力机不仅具有结构简单、工作平稳、生产效率高等优点，还可以在冲压过程中承受较大的工作载荷，有利于实现高速化和重载化。本书研究的对象是高速重载机械压力机，主要应用于大规格、大吨位、高精度电机定转子的金属成形加工。

1.2.2 国内外高速重载机械压力机技术现状

高速重载机械压力机是指公称压力在3 000 kN以上的高速机械压力机，在制造业中占有重要地位，引起了国内外众多企业和学者的广泛关注[20,33]。国外高速重载机械压力机主要包括德国Schuler公司研制的SAL - MarkⅡ系列、美国 MINSTER 公司设计的 Pulsar 系列以及日本 AIDA 公司研发的 HMX 系列等。这些产品主要是采用单曲轴双曲柄式或对称肘杆式传动方式的闭式高速重载机械压力机，产品性能达到了相当高的水平，其核心技术也被上述公司所掌握[2,34-37]。在这些公司的高速重载机械压力机产品中，吨位最大的为美国 MINSTER 公司的 E2HF 型高速重载机械压力机，其公称压力达到 5 400 kN，最大行程次数达到 225 spm。德国 Schuler 公司研制的 SAL – MarkⅡ系列高速重载机械压力机最大公称压力为 4 000 kN，而最大行程次数可以达到 400 spm。上述公司生产的高速重载机械压力机主滑块下死点动态精度均可达到 ±0.02 mm。

相对国外近百年的压力机发展历史，我国对机械压力机相关技术的研究起步较晚[39]。在"六·五"期间，济南铸造锻压机械研究所承担"60 吨闭式高速精密冲床研制"课题才开始了我国对高速机械压力机的研制工作。在 1982 年，北京低压电器厂与济南铸锻机械研究所共同研制了第一台高速机械压力机（公称压力 600 kN、行程次数 400 spm），随后高速机械压力机的科研成果不断涌现。近年来，我国压力机制造企业相继开展了高速重载机械压力机研制与关键技术突破等相关工作，其中主要的企业有扬州锻压、徐州锻压、扬力集团等[40-41]。此外，台湾也是我国高速重载机械压力机的主要生产地区之一，瑛瑜、金丰、高将等企业也具有较强的研发实力。目前，国内高速重载机械压力机产品中，吨位最大的为扬州锻压的 J76 系列高速重载机械压力机，其公称压力达到 5 500 kN，最大行程次数达到 200 spm。而台湾瑛瑜公司推出的 HD 系列高速重载机械压力机最大公称压力为 4 500 kN，而最大行程次数可以达到 350 spm[42-43]。上述两种机械压力机产品分别代表了目前国内闭式双点高速重载机械压力机的最高技术水平，典型国内外高速重载机械压力机产品性能指标如表 1.2.1 所示。

表 1.2.1　国内外高速重载机械压力机技术水平

序号	性能指标	国内产品（大陆）	台湾地区	国外产品
1	公称压力/kN	5 500	4 500	5 400
2	公称力行程/mm	1.6	1.6	1.6
3	滑块行程/mm	40	30	40
4	行程次数/spm	200	350	225
5	下死点动态精度/mm	±0.03	±0.02	±0.02

由以上综述可知，近年来国内高速重载机械压力机关键技术已得到了迅速的发展，部分产品的性能指标已经接近或达到国际先进水平，然而在大吨位的闭式双点高速重载机械压力机关键技术方面仍落后于国外同类产品。目前能独立研制 4 000 kN 以上高速重载机械压力机的企业仅有扬州锻压等为数不多的几家，最高转速在 200 spm 左右，其加工精度相比国外产品较低[44]。此外，国内高速重载机械压力机研制以仿制国外产品为主，还尚未形成完善的高速重载机械压力机关键技术研究体系，对高速机械压力机性能参数分析、含间隙机构动力学建模方法、支承轴承力学性能分析方法及压力机性能试验等尚未纳入企业对产品的设计计算中。同时，高速重载机械压力机动力学性能分析与试验研究是一项贯穿于产品设计、制造、装配、使用和维护等多方面协调运作的系统工程。以上种种原因阻碍了国内高速重载机械压力机的性能水平提高，同时也降低了国内高速重载机械压力机的国际市场竞争力。对高速重载机械压力机传动机构运动学建模、动力学性能分析、支承轴承结构优化设计与关键参数动态特征测试及其数据分析方法等核心技术掌握较少，相关研究能力较差，这些技术劣势已成为限制我国高速重载机械压力机性能提高的主要瓶颈。为此，我国现有高速重载机械压力机产品的性能较国外同类型产品而言尚存较大差距，而高速重载机械压力机动力学性能分析与试验研究具有重要的工程应用价值。

1.2.3 高速重载机械压力机存在的问题

根据国内外高速重载机械压力机产品的技术现状分析可知，与国外先进技术相比，我国高速重载机械压力机在动态性能、加工质量和稳定性上还存在很多不足[45-46]。由于原理机构设计和构件加工精度等方面的差异，国内高速重载机械压力机存在的技术难题主要表现为构件温升快、运行稳定性差和下死点动态精度低，所生产的金属成形产品品质不够稳定，难以满足产品加工精度要求较高的场合。

为了提高机械压力机的工作能力，研发出低成本、大吨位的机械压力机，如何突破关键技术瓶颈以满足高效率和高精度的加工要求变得尤为重要。高速重载机械压力机关键技术研究过程中存在两个比较突出的重点和难点：含间隙高速重载机械压力机传动机构动力学分析和曲轴支承轴承的结构设计[47-48]。一方面，转动副间隙的存在严重影响了传动机构运行的平稳性（图 1.2.2 为含间隙转动副）；另一方面，高速重载机械压力机转速和负载的增加会引起曲轴与支承轴承间的剧烈摩擦，加速轴承的温升和磨损（图 1.2.3 为磨损后零件）[49-50]。这两个问题均会导致传动机构的动态性能无法满足高速重载机械压力机的工作要求。因此，在高速重载机械压力机设计阶段，需要同时考虑转动副间隙以及轴承的润滑性能对传动机构动力学特性的影响，以提高压力机运行的稳定性，并保证加工精度。

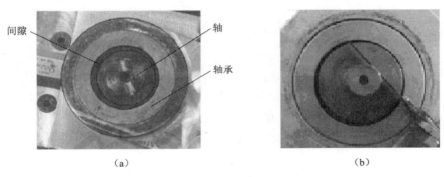

间隙　　轴　　轴承

（a）　　　　　　　　　　　　（b）

图 1.2.2　含间隙转动副

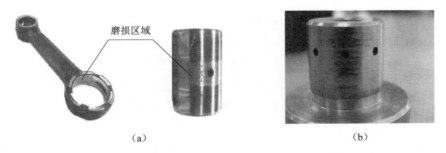

磨损区域

（a）　　　　　　　　　　　　（b）

图 1.2.3　磨损后的零件

1.3　国内外相关技术发展与研究现状

高速重载机械压力机研究的核心在于提高其动态性能，为此，国内外学者对传动机构动力学分析、支承轴承动力学特性研究和机械压力机性能试验等关键技术进行了广泛的研究和积极的探索，并取得了大量的研究成果，为推动高速重载机械压力机的研制发挥了重要作用[51-53]。由于本书研究所采用的建模方法、数值求解方法及其相关的试验研究都是在国内外相关研究成果的基础上形成，因此有必要对所涉及相关研究领域的发展现状做一简要概述。

1.3.1 含间隙机构动力学研究现状

对于所有含间隙的机械系统，间隙的存在会引起机构运动精度与动态性能的下降，直到不能满足机构的使用要求而失效。由于转动副间隙的存在，转动副元素会在机构运动过程中发生接触碰撞，使得转动副元素之间产生较大的碰撞力，并引起机构的振动。在高速、重载工况下运行的机构中，转动副间隙对机构动态特性的影响会更加明显[54-55]。含间隙机构动力学特性是评价高速重载机械压力机稳定性的重要指标。基于上述原因，国内外广大学者和专家自20世纪以来都致力于含间隙机构动力学建模与分析的相关研究，并取得了大量的研究成果[56-58]。这些研究主要围绕接触碰撞动力学研究、含间隙机构动力学建模方法研究和含间隙机构动力学特性研究三个方面展开，本节也将从这三个方面对含间隙机构动力学研究现状进行详细的综述。

1.3.1.1 接触碰撞动力学研究

接触碰撞是含间隙机构的典型现象，研究转动副元素之间的接触碰撞特性是含间隙机构动力学的基本研究内容之一。因此，转动副间隙接触碰撞动力学模型的研究对含间隙机构动力学特性分析有重要的理论意义。

对接触碰撞过程的正确处理是解决接触碰撞动力学问题的关键，国内外学者针对多体系统接触碰撞动力学进行了大量的研究。接触碰撞动力学的分析方法可归纳为两种，离散分析方法和连续分析方法。离散分析方法假定碰撞物体之间的接触碰撞过程非常短并且没有改变碰撞体的整体构型，接触碰撞过程被分为碰撞前和碰撞后两个阶段，并且碰撞后两碰撞体之间发生相对滑动、滞止或反向运动，离散分析方法忽略了接触碰撞过程行为，是一种相对有效的分析方法。而连续分析方法则认为碰撞体之间的相互作用力在整个接触碰撞过程中是连续的，考虑了碰撞体的接触碰撞过程，该方法比较符合实际的接触碰撞行为，特别是在接触碰撞过程中考虑摩擦影响的场合较为合理，因此连续分析方法也被称为基于受力作用的分析方法。在该方法中，当检测到有接触碰撞发生时，就采用一种接触碰撞力模型来描述两个物体发生接触碰撞时接触面的法向接触碰撞力。

目前关于接触碰撞的建模方法，按照接触过程的不同假设主要可以归纳为以下三种方法：动量平衡方法、连续接触碰撞力模型和有限元方法。

（1）动量平衡方法。

动量平衡方法也称为经典碰撞模型，是在碰撞体刚性假设条件下建立的一种近似理论，属于离散分析方法。早期动量平衡方法主要应用在多刚体系统的正碰撞问题中，并且在应用动量平衡方法进行接触碰撞过程分析时做了相应的假设条件，主要包括：将接触碰撞过程忽略，即两体碰撞是在瞬间完成的，不考虑物体接触碰撞过程的持续时间，并且将接触碰撞过程中的摩擦作用忽略，认为物体之间的接触面是光滑的。除此之外，还假设接触碰撞过程为点碰撞并且在碰撞过程中始终不变。在应用动量平衡方法对多刚体之间的接触碰撞分析时，基于以上假设条件外，还需要引入接触碰撞过程中的恢复系数，用来反映接触碰撞过程中的能量损失并确定碰撞后系统广义速度的跃变。随着研究的深入，部分学者认为只要选取足够的广义坐标，动量平衡方法也可以用来研究柔体系统之间的接触碰撞问题，而且具有一定的普遍性。由于动量平衡方法引入了接触碰撞过程中的恢复系数，因此恢复系数的正确选取是动量平衡方法求解接触碰撞问题的前提，也是最主要参数。相关研究表明影响恢复系数的因素很多，其中包括碰撞体的材料特性、几何形状、质量特性、相对速度等。

（2）连续接触碰撞力模型。

由于动量平衡方法属于离散分析方法，没有考虑接触碰撞过程，从而无法得到接触碰撞过程中的接触碰撞力。但是接触碰撞过程中的接触碰撞力变化规律对工程实际问题非常重要，工程设计人员也非常关注接触碰撞过程中的接触碰撞力变化历程，为此有必要建立一种能够求解接触碰撞过程中接触碰撞力大小和方向变化特征的连续接触碰撞力模型，连续接触碰撞力模型考虑接触碰撞过程中的局部变形，并假设接触碰撞力是由碰撞体的局部接触变形产生的，假定变形限制在接触区的邻域，是一种以弹簧阻尼系统代替接触区域复杂变形的近似简化方法。弹簧接触碰撞力一般通过 Hertz 接触理论来计算，而接触碰撞过程中的能量损失行为通过阻尼器来模拟，连续接触碰撞力实际上将几何约束转换为力约束，切断了原本的连接铰。到目前为止，众多学者已经提出了多种不同的接触碰撞力模型，主要是将接触力学中某些理论（如 Hertz 接触理论）运用到低速碰撞领域得到的。由于这些接触碰撞力模型是在静态接触条件下得到的，并且考虑的是特殊的边界条件和几何形状，因此只能分析碰撞速度较低的接触碰撞问题，并难以分析接触碰撞物体具有一般的几何形状与通用的边界条件情况。

（3）有限元方法。

有限元方法为接触碰撞过程中局部变形的准确描述提供了一种较为精确的方法，该方法充分地考虑了接触碰撞过程中的局部变形，建立碰撞体接触后准确的动态边界条件，并进一步利用复杂的接触算法，计算接触碰撞过程中接触碰撞力的时间历程与空间分布规律。因此，该方法对接触碰撞问题的处理更符合弹性接触碰撞的物理本质，并克服了前两种模型的缺点，避免了连续接触碰撞力模型中选取参数比较困难，以及动量平衡方法不能获得接触碰撞过程中接触碰撞力的问题，相对前两种方法而言更加精确。但由于有限元方法处理接触碰撞过程的复杂性和计算效率等原因，目前还没有应用到含间隙机构的接触碰撞力模型研究中。

在 1990 年，Lankarani 和 Nikravesh[59]以两小球接触碰撞过程为研究对象，考虑了接触碰撞过程中的能量损失，建立了一种连续接触碰撞力计算模型，随后很多学者采用该模型进行不同情况下的接触碰撞问题研究。Flores 和 Ambrosio[60]考虑了转动副元素之间的接触碰撞条件，并基于 Lankarani – Nikravesh 接触碰撞力模型建立了含间隙转动副的数学模型。同时，Lankarani – Nikravesh 接触碰撞力模型在连续接触和非连续接触状态下分别进行修正，并将其引入平面机构多体动力学方程中。白争锋等[61]针对传统接触碰撞力模型的局限性，基于弹性变形理论建立了一种转动副间隙连续接触碰撞力混合模型，并与传统模型进行了详细的对比分析。田强等[62]考虑了润滑效应影响，基于弹性动力学理论建立了转动副间隙接触碰撞力模型，研究结果表明柔性体可以减小转动副元素之间的接触力。Gummer 和 Sauer[63]基于非线性弹簧阻尼接触碰撞力模型研究了碰撞过程不同状态间运动元素间的关系，使得含间隙机构动力学特性研究更加精细。Alves 和 Peixinho[64]对黏弹性接触碰撞力模型进行了详细的研究，结果表明接触碰撞力模型建模方法对含间隙机构动力学影响很大。此外，马佳等[65]对 Lankarani – Nikravesh 接触碰撞力模型和 Coulomb 摩擦力模型进行了修正，并以曲柄滑块机构为对象进行了模型有效性验证。

1.3.1.2　含间隙机构动力学建模方法研究

多体系统动力学是研究多体系统动力学特性与动态行为的工程应用基础学科，在复杂机械、航空航天、机器人等领域有着广泛的应用。多体系统是指多个实体通过铰链连接构成的具有一定拓扑结构的系统。多体系统动力学主要是从多刚体动力学和多柔性体动力学两个方面进行研究的，研究的主要内容是多柔体系统动力学的建模方法和求解策略，目前主要包含以下几种建模方法。

（1）牛顿 – 欧拉法（Newton – Euler method）。

牛顿 – 欧拉法是建立在牛顿 – 欧拉方程经典刚体动力学上的矢量力学方法。该方法建立方程较为容易，物理概念非常明确，对于简单拓扑系统有很好的实用性，并且该方法具有较好的开放性和可扩展性。缺点是当随着拓扑结构的复杂及组成物体的增多，系统间的约束将变得异常烦琐，不利于分析求解。

（2）拉格朗日方法（Lagrange method）。

拉格朗日方法是目前应用最广泛的方法之一，把整个系统看作统一的对象，以能量的观点建立基于广义坐标的动力学方程，从而避开了力、速度和加速度等矢量的复杂运算，并且拉格朗日方法适用于多约束的处理，通过拉格朗日乘子计算可以得到多体系统间的约束反力。

（3）凯恩方法（Kane method）。

凯恩方法可以不通过寻求系统的动力学函数而直接建立系统的不带乘子的动力学方程。凯恩方法通过引入偏速度和偏角速度，不必计算动能等动力学函数及其导数，推导计算比较规范，既适用于完整约束也适用于非完整约束，兼有矢量力学和分析力学的优点。但计算广义速率、偏角速度与偏速度较为复杂，且没有明显物理意义。

此外，进行含间隙机构动力学特性分析的重要前提是对含间隙机构建立准确有效的动力学模型。早期学者对含间隙机构的研究多属于运动学分析，主要研究含间隙机构的运动误差分析等，国内外学者从 20 世纪 70 年代初期开始对含间隙机构动力学开展了相关研究。最初，有学者针对转动副间隙提出了一维冲击副模型，随后又提出了一维冲击杆模型和二维冲击环模型，并基于所提出的模型对含间隙机构进行了大量的研究，取得了一系列的研究成果，进而针对转动副间隙，逐渐创立了一套较为完整的研究体系。纵观国内外学者在这方面的研究工作，根据不同假设而开展的含间隙机构动力学建模方法主要可以归纳为以下三类。

（1）基于"接触—分离"的二状态模型。

该模型是一种定量的分析方法，假设含间隙转动副元素存在接触和分离两种状态，即按照接触状态和自由状态进行研究，比较容易和各种机构动力学问题相联系。该模型的优点在于比较符合含间隙转动副的实际情况，因为该方法在建模过程中考虑了接触表面的弹性和阻尼。但是基于该模型对含间隙机构动力学问题进行数值计算时比较复杂，这是由于在数值计算时，必须时刻检测转动副元素的相对运动关系，进一步确定转动副构件的运动状态，也即分析含间隙转动副是处于接触状态还是分离状态，因此计算时比较烦琐。除此之外，应用该模型对考虑多间隙的机构进行动态特性计算时很难得到系统的稳态解。

（2）基于"接触—分离—碰撞"的三状态模型。

基于上述研究成果，有学者进一步提出了三状态模型，该模型扩展了碰撞与分离二状态模型，将含间隙转动副之间的相对运动关系在一个机构运动周期中分为"接触—分离—碰撞"三种运动状态，进一步基于含间隙转动副的三种运动状态来建模。相关试验研究表明该模型考虑了含间隙转动副元素之间相对运动的碰撞过程，碰撞过程引入了越来越小的接触和分离，直到转动副元素恢复到持续接触状态。通过引入碰撞过程，间隙模型更加符合含间隙机构转动副的实际运动情况，使得含间隙机构转动副元素之间的相对运动关系更加精细。因此，三状态模型的优点是建模比较精细，能够真实准确地反映出含间隙机构的实际运动情况。由于建模过程考虑含间隙转动副的运动状态较多，为此在应用该模型时的难点在于准确地确定发生碰撞的时间及准确地判断含间隙转动副元素之间相对运动状态的转换，存在一定的数值计算难度。此外，三状态模型只能通过冲量来衡量机构运行过程中含间隙转动副元素之间的冲击速度，不能获得含间隙转动副的接触碰撞力，而且该模型在数值计算时求解不稳定，难以应用于考虑多间隙的机构动力学问题分析中。

（3）基于"连续接触"的连续接触模型。

由于在实际过程中转动副间隙的尺寸很小，转动副元素的接触与碰撞时间也非常短暂，为此连续接触模型假设转动副元素始终处于连续接触状态，认为碰撞与分离是瞬间完成的。为了便于数值计算，将间隙等效为一根无质量定长的刚性杆，忽略了接触表面的弹性变形，并且当其方位角在机构运行过程中发生突变，则认为在该时刻含间隙转动副元素之间发生了分离。该模型将原含间隙机构转化为无间隙的多杆多自由度系统，进一步可以利用拉格朗日原理建立系统的运动微分方程。该模型的优点是可以方便地得到含间隙机构的稳态解，并且容易用来分析考虑多个间隙时的机构动力学特性。但该模型忽略了转动副元素接触表面的弹性变形，不能真实地反映含间隙机构转动副的接触碰撞特性，有待进一步研究。因此，含间隙机构动力学建模方法及动力学求解方法一直是研究的热点问题。

Ravn[66]提出了一种含间隙平面机构多体动力学建模方法，该方法将含间隙转动副模型引入机构的动力学分析模型中，并通过试验验证了该方法的有效性。田强等[67]提出了一种含间隙机构多体动力学建模方法，并进行了机构的动力学仿真，计算结果表明该方法可以有效地描述转动副元素间的相对位置关系。Flores 等[68]基于连续接触碰撞力模型建立了含间隙平面四连杆机构的多体动力学模型，并进行了动力学分析。段玥晨和章定国[69]以柔性多体系统动力学理论为基础，考虑非线性耦合变形和接触力势能的影响，利用假设模态法和 Lagrange 方程建立了含间隙多体系统的刚柔耦合动力学方程。许立新等[70]基于多体动力学理论和 Hertz 接触理论，提出了一种考虑轴承与柔性特性影响的多体动力学系统建模方法。以曲柄滑块机构为对象，研究了间隙及柔性特征对机构动态误差的影响。郭惠昕[71]考虑杆长制造误差和转动副间隙的影响，采用复数矢量法建立了有效杆长模型，并提出了一种平面连杆机构的优化设计方法。白争锋和赵阳[72]基于弹性接触碰撞理论，提出了一种含间隙机构动力学建模方法，该方法可以描述转动副元素间的磨损现象。吴洪涛等[73]采用多体动力学软件 RecurDyn 建立了含间隙高速机械压力机传动机构的刚柔耦合模型，研究了转动副间隙对压力机击振力的影响。赵波等[74]基于绝对节点坐标法建立了柔性部件的多体动力学模型，将连续接触碰撞力模型引入机构的动力学模型中，并对含间隙转动副的磨损进行了预测分析。Erkaya 和 Uzmay[75]以平面四连杆为研究对象，提出了一种考虑间隙和柔性构件的建模方法，通过机构动态特性测试验证了该方法的有效性。

1.3.1.3　含间隙机构动力学特性研究

学者在对含间隙机构建模研究的同时，还对含间隙机构动力学特性进行了研究。有学者利用 Poincare 映射及其初值敏感特征来分析含间隙机构的非线性动力学特征，并利用非线性动力学理论（如混沌、分叉等）来合理地分析与解释，虽然含间隙机构非线性动力学分析过程相对比较简单，但是在对含间隙机构动力学的理论研究方面取得了一定的突破。

对含间隙机构动力学许多关键问题的研究，如间隙接触碰撞机理、含间隙机构动力学特性等，使得含间隙机构动力学特性的研究涉入非线性动力学领域中，对分叉、混沌等含间隙机构运动中所产生的非线性现象进行深刻认识和研究成为未来机构动力学研究发展的一个重要分支。

由于转动副间隙引起的接触碰撞运动过程是一个分段变化的瞬态过程，所以对含间隙机构进行控制，需要采取分步参数、分段控制的策略。另外，对于这类非线性动力学现象的控制还需依赖于含间隙机构动力学与现代控制理论及分析方法。目前，关于如何减轻或消除机构中间隙所引起的不良效应，即控制间隙对机构影响的研究工作已经开展。

Dubowsky 等[76]研究了转动副间隙和柔性构件对平面机构动力学特性的影响，研究结果表明间隙的存在对机构动力学特性影响很大。Schwab 等[77]以曲柄滑块机构为对象，考虑了润滑效应的影响，建立了含间隙机构动力学模型，研究结果表明润滑效应可以减小转动副元素之间的接触力。张义民等[78]将误差分析理论、优化技术与虚位移原理相结合，研究了转动副间隙对平面机构位姿的误差影响。基于 Lankarani – Nikravesh 接触碰撞力模型分析，Flores[79]研究了间隙尺寸、曲轴转速及间隙数量等因素对曲柄滑块机构动态特性的影响。赵阳[80]等以四连杆机构为对象，将含间隙转动副间隙的接触碰撞力模型引入机构的多体动力学方程中，对含间隙机构进行了动力学特性分析。隋立起等[81]以汽车起重机为研究对象，采用多体系统传递矩阵法建立了该系统的刚柔耦合动力学模型，通过试验验证了该模型的有效性，并分析了起吊过程中柔性梁的冲击应力分布。Muvengei 和 Kihiu[82]考虑了间隙数量对机构动态特性的影响，研究结果表明间隙数量对机构动态特性的影响不可忽略。郑恩来等[83]以高速机械压力机传动机构为对象，研究了间隙尺寸和曲轴转速对高速机械压力机动态性能的影响。

1.3.2　支承轴承动力学研究现状

支承轴承动力学特性是评价高速重载机械压力机曲轴运行稳定性的关键指标，轴承动力学特性主要包含轴承承载能力、油膜刚度和摩擦功率等，其中轴承承载能力和油膜刚度是衡量轴承动力学特性的两个重要参数[84]。轴承承载能力是指在一定的油膜厚度下，油膜能抵抗支承件表面外载荷的大小，而油膜的存在可使轴承与轴表面保持分离。油膜刚度是指油膜抵抗载荷变动的能力，属于油膜自身特性，随油膜厚度的变化而改变。摩擦功率是指曲轴转动过程中，支承轴承克服油膜黏性阻力所消耗的功率。支承轴承动力学特性研究主要包括流体动力润滑理论研究、轴承动力学建模方法研究和轴承动态特性研究三个方面。

1.3.2.1　流体动力润滑理论研究

流体润滑理论是摩擦学学科中最为成熟的一个分支，基于这一理论建立的滑动轴承设计方法曾大大提高了动力机械、冶金机械、金属切削机床等产品的性能，推动了整个机械工业的发展。然而在实际应用中仍频繁发生润滑不良而导致早期磨损，究其原因主要包括未能正确使用已较成熟的流体润滑理论，且经典润滑理论本身也带有局限性。

在国内外流体润滑理论及其应用研究中，以滑动轴承为对象的经典润滑理论已经比较成熟。在滑动轴承的早期研究中 Reynolds、Sommerfeld、Hopkins、Michell 都做了相对深入分析。在求解雷诺方程时，必须考虑待求压力的边界条件。因此，轴承性能计算的准确与否和边界条件的选取有很大关系。流体润滑包括流体动压润滑和弹性流体动压润滑等状态，从数学观点分析来说，流体润滑计算是对 Navier – Stokes 方程的特殊形式雷诺方程的求解。从刚性表面的流体润滑特征来看，通常称流体动压润滑理论，其中包括以下基本方程，即 Navier – Stokes 方程、连续性方程、能量方程、状态方程和黏度方程。如果是弹性表面的润滑问题，还需将弹性变形方程引入其中，因此称为弹性流体动压润滑理论。雷诺方程的建立初期，由于缺少必要的数值计算工具，其研究重点主要集中于简化雷诺方程以获得稳态运转状态下无限长轴承和短轴承的解析解，并设计了应用液体动压原理的滑动轴承等。随着数值计算技术的进步，能够求得有限宽度的滑动轴承含油膜破裂边界条件下的数值解，并在此基础上研究了高速旋转机械动压润滑的稳定性以及非定常状态下的润滑性能。20 世纪 60 年代开始，温度、惯性、非牛顿流体等因素对润滑性能的影响开始引起学者们的关注。

国外学者早在一百多年前就开始对流体动力润滑理论进行了研究[85-87]。1883 年 Tower[88]以火车轮轴的滑动轴承为研究对象进行了试验研究，试验结果表明轴与轴承之间的油膜存在流体动压现象。Reynolds[89]根据流体动力学原理提出了流体润滑基本方程（Navier – Stokes 方程），该方程可以描述运动元素之间油膜的运动速度、油膜的表面形状以及润滑油黏度与油膜压力分布的关系等，Navier – Stokes 方程的提出为流体润滑理论的研究奠定了基础。在 1904 年，Sommerfeld 等[90]考虑了油膜在高压作用下会产生气穴效应，对油膜动力学特性进行了深入研究，并提出了油膜破裂边界条件。随着数值计算方法的发展，Christopherson[91]建立了推力轴承的动力润滑分析模型，并采用有限差分法对该模型进行求解。在 1957 年，Cole[92]对滑动轴承温升现象进行了试验研究，试验结果表明在滑动轴承运动过程中产生的大部分热力随润滑油流出，可为转动副提供冷却效应。Dowson 等[93]建立了滑动轴承的热流体动力学模型（THD 模型），并通过试验研究验证了模型的有效性。Kunz 等[94]基于 Navier – Stokes 方程和两相流理论建立了考虑气穴效应影响的滑动轴承多相流三维模型，并采用有限差分法对方程进行了求解。在此研究的基础上，张青雷等[95]考虑供油压力、油槽形状以及油膜破裂边界条件等对轴承性能的影响，提出了在考虑复杂边界条件下的滑动轴承性能计算方法。王晓力等[96]基于应力偶理论和 Elrod 空化算法建立了滑动轴承热流体动力润滑数学模型，并采用数值计算方法对方程进行了求解，研究了应力偶效应对滑动轴承热流体动力润滑性能的影响。随后，苏苤等[97]通过对

Elrod 算法进行改进，得到基于质量守恒边界条件的不可压缩流体气穴算法，并对滑动轴承进行了数值仿真计算。通过与试验结果的对比发现，该方法能更为精确地描述轴承的动力学特性。

1.3.2.2 轴承动力学建模方法研究

旋转机械不断向高速化、精密化发展，对滑动轴承的承载性能、可靠性和稳定性都提出了越来越高的要求，使得滑动轴承的结构日趋复杂化，并出现了一些新型结构方式，这就要求建立的轴承动力学模型更为准确。在轴承动力学建模方法研究中，主要对滑动轴承界面滑移现象和气穴现象进行阐述。

经典雷诺方程进行轴承性能计算时，认为润滑介质在固体界面上没有滑移，即界面上的润滑介质质点的速度与界面上对应点的速度相同，然而由于液体分子之间或固液界面分子之间不可能承受无穷大的剪应力，因此从理论上讲，只要剪应力足够高，就能克服固液分子间的相互作用而产生滑移。而数值分析是界面滑移相关问题研究的一个重要方面，目前对于界面滑移理论的研究主要与滑移长度、极限剪应力等有关，在此基础上分别建立了滑移长度模型和极限剪应力模型。滑移长度模型也称 Navier 模型，表示滑移速度与剪应力成正比。

通常认为液体不能承受负压强，在负压的作用下液体不能保持连续而产生气穴现象，对润滑油来说，也就是油膜破裂。气穴产生的原因主要有两种：一种是润滑油自身会溶解周围环境中的气体，当压强降低至大气压以下时，溶解度也会随之降低，于是气体从润滑油中逃逸出来形成气穴现象；另一种是压强降低至润滑油的液态和气态能共存的饱和压强时，一部分润滑油发生了相变，形成润滑油的蒸气而形成气穴。在通常的轴承运转温度下，润滑油的饱和压强比大气压低得多，油膜破裂的现象却在压强略小于大气压时就发生了，所以轴承间隙中的油膜破裂现象属于前者。

戴旭东等[98]以内燃机传动机构为研究对象，采用动力学计算软件 AD-AMS 建立了轴承三维分析模型，并对轴承流体动力润滑作用进行了分析。孙军等[99]在轴承润滑分析结果的基础上，将轴承油膜压力分布作为边界条件对轴承进行了应力和应变分析，并通过试验验证了该方法的有效性。Fatu 等[100]基于热弹性动力学理论建立了滑动轴承润滑性能分析模型，研究了热应力分布对轴承弹性变形的影响。王康等[101]针对轴承润滑求解过程容易发散的问题，分别采用 Hypermesh 和 Gambit 两种有限元前处理软件对不同尺寸的轴承模型进行了网格划分，分析了网格质量对计算结果的影响。唐倩和方志勇[102]通过有限元分析软件建立了滑动轴承的流固耦合分析模型，基于油膜压力分布计算结果，对轴承应力分布及变形进行了计算分析。Shenoy 和 Pai[103]采用有限元计算软件建立了滑动轴承三维弹性动力学分析模型，对轴承承载能力以及压力分布进行了相关研究。张楚等[104]基于计算流体动力学理论，分别采用单/两相流模型对滑动轴承动态特性进行了计算分析，并通过试验验证了两相流模型计算的有效性。Sfyris 和 Chasalevris[105]基于 Reynolds 方程建立了滑动轴承有限元分析模型，并对油膜压力分布进行了详细的分析。李强等[106]采用动网格技术对滑动轴承瞬态流场进行了非稳态计算，研究了不同进油方式和进油压力对滑动轴承油膜压力场和速度场的影响。孟凡明等[107]以径向滑动轴承为研究对象，分别采用 CFX 和 Fluent 建立了滑动轴承润滑性能计算模型，并对不同工况下滑动轴承润滑性能进行了计算。Aksoy 和 Aksit[108]针对滑动轴承建立了三维热弹性动力学分析模型，并对温度场分布特征、流体动力学特性及变形场分布特征进行了详细的分析。

1.3.2.3 轴承动态特性研究

目前滑动轴承动态特性的研究中主要集中在轴承承载能力、油膜刚度以及摩擦功率三个方面。轴承承载能力是指在一定的油膜厚度下，油膜压力作用于被支件表面所能负担的外载荷，油膜厚度必须使油槽和被支件的表面互补接触。油膜刚度是指油膜抵抗载荷变动的能力。摩擦功率则是指在一定运动速度下克服支承中各油槽的黏性阻力所消耗的功率。

虽然经典润滑理论研究已有一百多年的历史，但至今在实际使用过程中摩擦单元之间因润滑效果不佳而导致失效的现象仍会时常发生，这是由于经典润滑理论自身具有一定的局限性。随着工业的快速发展，轴承的运行工况也发生了巨大的变化，设备的大型化促使轴承工况也向着高速、重载、高温以及非稳定等极端方向发展，这都会引起轴承的运行环境越来越恶劣。这时原有的轴承很容易因工作环境的变化而失效，造成设备损坏或引发更为严重的事故发生。因此，需要系统地开展符合现代工业条件下的轴承润滑理论和分析方法来进行轴承动态特性的研究，使计算结果能够更为准确地反映轴承动力学性能，为轴承的设计提高理论依据。

在 1996 年，Vincent 等[109]利用数值方法研究了气液两相流对滑动轴承油膜压力场特征的影响，得到了气液两相流的压力分布情况。Guo 等[110]在考虑气穴效应影响下，应用 Reynolds 方程进行了浮动衬套轴承的稳定性计算，并对油膜压力分布特征进行了详细的分析。秦瑶等[111]以滑动轴承为研究对象，采用有限差分法对其动力学性能进行了深入的研究，得到的油槽结构参数与滑动轴承性能之间的关联特性可为滑动轴承油槽设计提供参考。在 2011 年，Boubendir 等[112]基于热弹性动力学模型建立了滑动轴承分析模型，通过对比计算结果发现热效应对滑动轴承压力分布影响很大。同年，Chauhan 等[113]以非圆形轴承为研究对象，研究了热效应对轴承润滑性能的影响。赵小勇等[114]以内燃机曲轴轴承为研究对象，进行了不同工况下轴承负载计算和润滑分析，为内燃机曲轴设计提供了理论基础。钟崴和崔敏[115]针对汽轮发电机组转子的动压滑动轴承，采用流固耦合方法对温度场和应力场进行了求解，通过对比分析得到了偏心率及长径比对轴承温度场和应力场的影响关系。王丽丽等[116]考虑了气穴特性对轴承润滑性能的影响，采用试验方法得到了气穴形状和位置分布，并给出了油膜再形成位置的参数方程。孟凡明等[117]基于计算流体动力学和气穴理论，通过有限元计算软件 ANSYS 分析了气穴现象对滑动轴承摩擦性能的影响。Chasalevris 和 Sfyris[118]在忽略粗糙度的前提下，采用数值方法研究了气穴现象对滑动轴承润滑能力的影响。周广武等[119]建立了低速重载条件下水润滑橡胶轴承的动力学模型，采用有限元软件进行了不同参数对轴承润滑性能的影响计算，并对轴承摩擦噪声影响进行了分析。

1.3.3　高速重载机械压力机性能试验研究现状

高速重载机械压力机性能试验研究是高速重载机械压力机关键技术研究中不可或缺的一部分。通过试验研究不仅可以验证理论研究的正确性，还可以发现新的问题和规律，从而为理论研究提供基础。然而，相对于高速重载机械压力机关键技术理论研究来说，基于试验开展的性能研究较少[120-121]。一方面，在实际的含间隙机构中转动副间隙尺寸非常小，很难直接对转动副元素间碰撞力进行测试；另一方面，高速重载机械压力机不同于简单机构，在实际运行过程中为了保障机床稳定地运行，设计和制造过程必须严格参照相关设计准则，不能随意更改零件尺寸，这样给压力机性能测试带来一定条件的限制。因此，针对高速重载机械压力机整机搭建相关试验平台难度较大的问题，大多数的试验研究都仅针对机械压力机的传动机构（曲柄滑块或平面连杆机构）搭建试验平台[122]，并在此基础上对含间隙机构的动态特性进行相关性能试验研究。

由于高速重载机械压力机动力学性能试验比较困难，研究者对含间隙机构进行了一些简单的试验研究，目前含间隙机构动力学性能试验研究采用的试验方法主要有三种：① 通过高速摄像机直接记录间隙元素之间的相对运动过程，进一步直观地分析转动副元素的相对运动情况，但这种试验方法成本太高；② 事先将位移或加速度等传感器安装在测试位置，当机器运行稳定后进行相关性能测试，并根据测试结果进行间隙对机构动力学特性的影响分析；③ 通过测量含间隙机构运动过程中的电流通断，进一步分析含间隙转动副元素之间的分离特性；④ 结合产品真实的加工过程（如电机定转子加工过程），进行机械压力机的冲压试验，从产品加工质量、稳定性以及加工效率等方面获得机构动态特性数据。

在 1978 年，Dubowsky[123]对含间隙平面机构进行了性能试验研究，并对接触碰撞力理论模型进行了有效性验证。研究结果表明，间隙对机构动态特性影响很大，柔性构件可以减小接触体元素之间的接触力。Khemili 等[124]以曲柄滑块机构为研究对象，进行了含间隙机构的理论分析和试验研究，由分析结果发现含间隙机构运动过程有三个运动状态，接触、变形和分离。Flores 等[125]研究了间隙尺寸和曲柄转速对含间隙机构动态性能的影响，并通过试验研究验证了理论模型的有效性。此外，他们还对加速度结果进行了频谱分析，为含间隙机构振动研究提供了理论依据。Erkaya 等[126]以曲柄滑块机构为对象，通过加速度和噪声测试研究了间隙对机构稳定性的影响，并分析了平衡机构对机构动态特性的影响。鹿新建等[3]对高速机械压力机进行了不同转速下的动态精度测试，并通过试验结果的分析得到了间隙和转速对高速机械压力机稳定性的影响规律。王磊等[26]以高速机械压力机为研究对象，进行了压力机的冲击载荷试验与温升测试，为机械压力机关键技术的研究奠定了坚实的基础。贾方等[27]以闭式高速机械压力机运动过程为研究对象，选择了机身振动测量的参考点，对机械压力机进行了不同工况下机身振动研究。王尚斌等[127]针对高速机械压力机动态精度测试存在的难点，提出了一种基于位移传感器与光电传感器复合原理的压力机动态精度测试方法，并通过试验对所述测试方法进行了可行性验证。性能试验测试现场如图 1.3.1 所示。

（a）Dubowsky试验系统

（b）Khemili试验系统

（c）Flores试验系统

（d）Erkaya试验系统

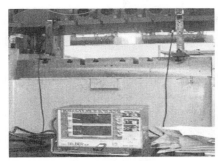

（e）鹿新建试验系统

（f）王尚斌试验系统

图 1.3.1 性能试验测试现场

1.4 基础理论简介

高速重载机械压力机在复杂工况下的动力学性能研究，在数值模拟方面通常采用弹性力学和有限体积法进行求解。结构动力学中的非线性问题常常包括三个方面：几何非线性、材料非线性和边界非线性（或称为状态非线性）。非线性问题与线性问题的求解方法不一样，在线性问题中，通常施加全部载荷即可求解得到问题的结果，但是对于非线性问题来说，一般不能一次施加所有载荷，而要以增量方式逐步递加求解，获得计算结果。通常在结构动力学分析中需要考虑构件弹性变形对其动力学性能的影响，这就需要在机构动力学计算时引入弹性力学相关知识。而对于高速重载机械压力机支承轴承润滑性能分析过程通常采用计算流体动力学的分析方法，该方法计算过程是基于有限体积法将控制方程进行离散化，因此，需要对有限体积法的控制方程进行相关介绍。

1.4.1 弹性力学基础

物体受外部载荷作用所产生形状和大小的改变被称为变形，如果将引起变形的外部载荷移去后，物体能完全恢复到原来的形状和大小，这种变形称为弹性变形。当作用在物体上的外部载荷超过一定范围时，若再将外部载荷移去，物体不能完全恢复到原来的形状和大小，而是残留下来一部分永久的变形，这种变形被称为塑性变形。物体整个变形过程可以看成由两个不同的阶段组成，即弹性变形阶段和塑性变形阶段。将仅产生弹性变形的物体称为弹性体，弹性体内的应力与变形始终存在一一对应的单值关系，且许多情况下可以近似地按线性关系处理。

弹性体在载荷作用下，体内任意一点的应力状态可由 6 个应力分量 σ_x，σ_y，σ_z，τ_{xy}，τ_{yz}，τ_{zx} 来表示，其中 σ_x，σ_y，σ_z 为正应力，τ_{xy}，τ_{yz}，τ_{zx} 为剪应力，应力分量及其正方向如图 1.4.1 所示。

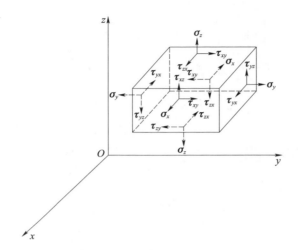

图 1.4.1 应力分量及正方向

应力分量的矩阵表示形式为：

$$\boldsymbol{\sigma} = \begin{bmatrix} \sigma_x \\ \sigma_y \\ \sigma_z \\ \tau_{xy} \\ \tau_{yz} \\ \tau_{zx} \end{bmatrix} \begin{bmatrix} \sigma_x & \sigma_y & \sigma_z & \tau_{xy} & \tau_{yz} & \tau_{zx} \end{bmatrix}^{\mathrm{T}} \quad (1.4.1)$$

弹性体在载荷作用下，还将产生位移和变形，即弹性体位置的移动和形状的改变，弹性体内任意点的位移可由沿直角坐标轴的 3 个分量 u，v，w 来表示，其矩阵形式为：

$$\boldsymbol{U} = \begin{bmatrix} u \\ v \\ w \end{bmatrix} \begin{bmatrix} u & v & w \end{bmatrix}^{\mathrm{T}} \quad (1.4.2)$$

弹性体内任意一点的应变，可由 6 个应变分量 ε_x，ε_y，ε_z，γ_{xy}，γ_{yz}，γ_{zx} 来表示，其中 ε_x，ε_y，ε_z 为正应变，γ_{xy}，γ_{yz}，γ_{zx} 为剪应变，而应变的矩阵形式为：

$$\boldsymbol{\varepsilon} = \begin{bmatrix} \varepsilon_x \\ \varepsilon_y \\ \varepsilon_z \\ \gamma_{xy} \\ \gamma_{yz} \\ \gamma_{zx} \end{bmatrix} \begin{bmatrix} \varepsilon_x & \varepsilon_y & \varepsilon_z & \gamma_{xy} & \gamma_{yz} & \gamma_{zx} \end{bmatrix}^{\mathrm{T}} \tag{1.4.3}$$

对于三维空间问题，弹性力学基本方程可改写成平衡方程的形式，弹性体 V 域内任一点坐标轴方向 x，y，z 的平衡方程为：

$$\begin{cases} \dfrac{\partial \sigma_x}{\partial x} + \dfrac{\partial \tau_{yz}}{\partial y} + \dfrac{\partial \tau_{zx}}{\partial z} + f_x = 0 \\[2mm] \dfrac{\partial \tau_{xy}}{\partial x} + \dfrac{\partial \sigma_y}{\partial y} + \dfrac{\partial \tau_{zy}}{\partial z} + f_y = 0 \\[2mm] \dfrac{\partial \tau_{xz}}{\partial x} + \dfrac{\partial \tau_{yz}}{\partial y} + \dfrac{\partial \sigma_z}{\partial z} + f_z = 0 \end{cases} \tag{1.4.4}$$

式中，f_x，f_y，f_z 为单元体积的体积力在相对方向上的分量。

平衡方程的矩阵形式为：

$$\boldsymbol{A}\boldsymbol{\sigma} + \boldsymbol{f} = 0 \tag{1.4.5}$$

其中，$\boldsymbol{A}$ 为微分算子：

$$\boldsymbol{A} = \begin{bmatrix} \dfrac{\partial}{\partial x} & 0 & 0 & \dfrac{\partial}{\partial y} & 0 & \dfrac{\partial}{\partial z} \\[2mm] 0 & \dfrac{\partial}{\partial y} & 0 & \dfrac{\partial}{\partial x} & \dfrac{\partial}{\partial z} & 0 \\[2mm] 0 & 0 & \dfrac{\partial}{\partial z} & 0 & \dfrac{\partial}{\partial y} & \dfrac{\partial}{\partial x} \end{bmatrix} \tag{1.4.6}$$

在微小位移和微小变形的情况下，略去位移导数的高次幂，则应变向量和位移向量间的几何关系：

$$\begin{cases} \varepsilon_x = \dfrac{\partial u}{\partial x}, \ \varepsilon_y = \dfrac{\partial v}{\partial y}, \ \varepsilon_z = \dfrac{\partial w}{\partial z} \\[2mm] \gamma_{xy} = \dfrac{\partial u}{\partial y} + \dfrac{\partial v}{\partial x} = \gamma_{yx}, \ \gamma_{yz} = \dfrac{\partial v}{\partial z} + \dfrac{\partial w}{\partial y} = \gamma_{zy}, \ \gamma_{zx} = \dfrac{\partial u}{\partial z} + \dfrac{\partial w}{\partial x} = \gamma_{xz} \end{cases} \tag{1.4.7}$$

几何方程的矩阵形式：

$$\boldsymbol{\varepsilon} = \boldsymbol{LU} \tag{1.4.8}$$

其中，$\boldsymbol{L}$ 为微分算子，其表达式：

$$\boldsymbol{L} = \begin{bmatrix} \dfrac{\partial}{\partial x} & 0 & 0 \\[2mm] 0 & \dfrac{\partial}{\partial y} & 0 \\[2mm] 0 & 0 & \dfrac{\partial}{\partial z} \\[2mm] \dfrac{\partial}{\partial y} & \dfrac{\partial}{\partial x} & 0 \\[2mm] 0 & \dfrac{\partial}{\partial z} & \dfrac{\partial}{\partial y} \\[2mm] \dfrac{\partial}{\partial z} & 0 & \dfrac{\partial}{\partial x} \end{bmatrix} \tag{1.4.9}$$

弹性力学中应力 – 应变之间的转换关系也称弹性关系，对于各向同性的线弹性材料，应力通过应变的表达式可用矩阵形式表示：

$$[\boldsymbol{\sigma}] = [\boldsymbol{D}][\boldsymbol{\varepsilon}] \tag{1.4.10}$$

其中，

$$\boldsymbol{D} = \frac{E(1-\mu)}{(1+\mu)(1-2\mu)} \begin{bmatrix} 1 & \dfrac{\mu}{1-\mu} & \dfrac{\mu}{1-\mu} & 0 & 0 & 0 \\[2mm] \dfrac{\mu}{1-\mu} & 1 & \dfrac{\mu}{1-\mu} & 0 & 0 & 0 \\[2mm] \dfrac{\mu}{1-\mu} & \dfrac{\mu}{1-\mu} & 1 & 0 & 0 & 0 \\[2mm] 0 & 0 & 0 & \dfrac{1-2\mu}{2(1-\mu)} & 0 & 0 \\[2mm] 0 & 0 & 0 & 0 & \dfrac{1-2\mu}{2(1-\mu)} & 0 \\[2mm] 0 & 0 & 0 & 0 & 0 & \dfrac{1-2\mu}{2(1-\mu)} \end{bmatrix} \tag{1.4.11}$$

由式（1.4.11）可知，弹性矩阵取决于弹性体材料的弹性模量 E 和泊松比，而表征弹性体的弹性可用拉梅常数 G 和 λ，其表达式为：

$$G = \frac{E}{2(1+\mu)} \tag{1.4.12}$$

$$\lambda = \frac{E\mu}{(1+\mu)(1-2\mu)} \tag{1.4.13}$$

G 和 λ 之间关系式为：

$$\lambda + 2G = \frac{E(1-\mu)}{(1+\mu)(1-2\mu)} \tag{1.4.13}$$

1.4.2 基于有限体积法的控制方程离散

高速重载机械压力机支承轴承动力学性能计算采用计算流体动力学法（CFD），而 CFD 计算分析过程基于有限体积法，本节对基于有限体积法的控制方程离散进行相关介绍[128-129]。

通常在对问题进行 CFD 计算前，首先要将计算区域离散化，即对空间上连续的计算区域进行划分，将其划分成多个子区域，并确定每个区域中的节点，从而生成网格。进一步，将控制方程在网格上离散，即将偏微分格式的控制方程转化为各个节点上的代数方程组。由于应变量在节点之间的分布假设及推导离散方程的方法不同，形成了不同的离散化方法：有限差分法、有限元法和有限体积法。

有限体积法（Finite Volume Method）基本思路是将计算区域划分为网格，并使每个网格点周围有一个互不重复的控制体积，将待解微分方程（控制方程）对每一个控制体积积分，从而得出一组离散方程，其中未知数是网格点上的因变量 ϕ。为了求出控制体积的积分，必须假定 ϕ 值在网格点之间的变化规律。从积分区域的选取方法来看，有限体积法属于加权余量法中的子域法，从未知解的近似方法来看，有限体积法属于采用局部近似的离散方法。而离散方程的物理意义就是因变量 ϕ 在有限大小的控制体积中的守恒原理，如同微分方程表示因变量在无限小的控制体积中的守恒原理一样。有限体积法得出的离散方程，要求因变量的积分守恒对任意一组控制体积都得到满足，对整个计算区域也必须得到满足。就离散方法而言，有限体积法具有有限元法和有限差分法的特点。有限体积法只需求得 ϕ 的节点值，这与有限差分法相类似，但有限体积法在寻求控制体积积分时，必须假定 ϕ

值在网格点之间的分布，这与有限元法相类似。在有限体积法中，插值函数只用于计算控制体积的积分，得到离散方程后删除插值函数，在特定条件下，对微分方程中的不同项采取不同的插值函数。

　　与其他离散化方法类似，有限体积法的核心体现在区域离散方式上。区域离散化的实质是用有限个离散点来代替原来的连续空间。有限体积法的区域离散实施过程是将所计算的区域划分成多个互不重叠的子区域，即计算网格。再确定每个子区域中的节点位置及该节点所代表的控制体积，最后可以得到节点、控制体积、界面、网格线四种几何要素。在离散过程中，将一个控制体积上的物理量定义并存储在该节点处，如图1.4.2所示为一维及二维问题的有限体积法计算网格。

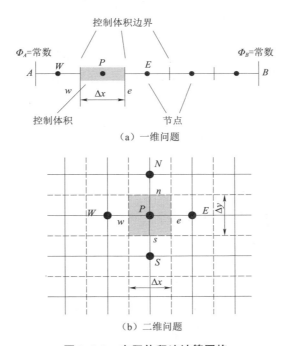

（a）一维问题

（b）二维问题

图1.4.2　有限体积法计算网格

　　为了便于后续分析，通过一套标记系统对网格几何要素进行标记。以二维问题为例，有限体积法所使用的网格单元（cell）主要有四边形和三角形两种，分别被称为结构网格与非结构网格。在结构网格中，与控制体积 P 相邻的四个控制体积及其节点分别用 E、W、S、N 表示，而控制体积 P 的

四个界面分别用 e、w、s、n 表示，在两个方向上控制体积的宽度分别用 Δx 和 Δy 表示，如图 1.4.2（b）所示。

1.5　本书研究的关键技术与主要内容

1.5.1　关键技术

从高速重载机械压力机的定义中可知，高速重载机械压力机理论设计过程中所面临的两个主要问题是如何实现高速化和重载化。由于惯性力的大小与其原动机构构件的质量成正比，在高速重载运动状态下，传动机构构件的惯性力和惯性力矩迅速增加。转动副接触碰撞现象和支承轴承发热问题变得尤为突出，给高速重载机械压力机的正常使用带来了严重的不利影响。

一方面，转动副间隙不可避免地存在于高速重载机械压力机传动机构中，这不仅会引起传动机构动力学特性的变化，还会降低高速重载机械压力机的加工精度。含间隙传动机构是一种复杂的非线性动力学系统，该机构动力学特性研究既有理论难度又有重要的工程实用价值。目前，大部分含间隙机构动力学特性的研究主要集中在正常工况作业下的简单机构，而对高速、重载工况下复杂机构动力学特性的研究相对较少。为了更好地进行高速重载机械压力机传动机构动力学分析，满足工程应用的性能要求，本书考虑了柔性构件对传动机构的动力学性能影响，进行了转动副间隙对传动机构动力学特性影响的研究。这方面的深入研究对传动机构动力学性能分析、传动机构设计与压力机的寿命预测具有重要意义。

另一方面，随着高速重载机械压力机负载的增加，曲轴支承部位转动副上的约束载荷和转动副元素之间的摩擦力都会增大，这不仅会引起转动副的弹性变形和摩擦发热，还会降低曲轴运行的稳定性，甚至导致高速重载机械压力机转动副因发热量过大出现"抱死"的现象。因此，支承轴承动力学性能是影响高速重载机械压力机工作性能的重要因素。从高速重载机械压力机传动系统的结构原理上看，通过曲轴支承轴承结构的合理设计，可以提高支承轴承的抗变形能力，使曲轴获得更好的运行平稳性。从本质上看，转动副摩擦发热与约束载荷密切相关，除了提高支承轴承的承载能力之外，通过合理的设计与分析，可以在一定程度上改善润滑性能，缓解摩擦发热问题。

　　基于上述高速重载机械压力机研发过程中面临的问题，本书拟采用理论分析与性能试验相结合的方法，主要针对以下几个方面的关键技术进行深入研究：

　　（1）在含间隙转动副碰撞过程研究的基础上，对接触碰撞力模型的影响因素进行分析，并建立含间隙高速重载机械压力机传动机构的动力学分析模型，为高速重载机械压力机传动机构动力学研究奠定理论基础。

　　（2）将柔性构件引入含间隙高速重载机械压力机传动机构动力学分析模型中，并提出传动机构动态特性的定量分析方法，为高速重载机械压力机传动机构的设计和性能研究提供理论依据。

　　（3）考虑气穴效应的影响，建立高速重载机械压力机曲轴支承轴承动力学特性分析模型，研究相关参数对曲轴支承轴承动力学特性的影响规律，为高速重载机械压力机支承轴承设计提供参考。

　　在本书内容的研究过程中，以上述高速重载机械压力机关键技术理论研究为基础，完成试验样机（公称压力 7 500 kN、最大行程次数 180 spm、滑块行程 50 mm）的制造与调试，并设计压力机性能试验来对相关理论成果进行有效性验证。

1.5.2　主要内容

　　本书以国家科技重大专项项目为背景，为了提高高档数控机床与基础制造装备设计与试验水平，拟针对高速重载机械压力机传动机构进行详细分析，一方面有效提高高速重载机械压力机传动机构动力学模型精度，另一方面通过高速重载机械压力机性能试验验证其方法的正确性。第二章从高速重载机械压力机传动机构工作原理及性能指标入手，建立了理想状态下的高速重载机械压力机传动机构运动学与动力学分析模型，却忽略了实际机构中存在的转动副间隙与柔性构件。第三章中以转动副间隙为研究对象，详细分析了含间隙转动副接触碰撞模型，并以 Lankarani – Nikravesh 接触碰撞力模型为例，研究了模型参数对接触碰撞过程的影响，通过含间隙多刚体系统动力学计算得到了间隙对高速重载机械压力机传动机构运动轨迹的影响。紧接着，第四章将柔性构件引入高速重载机械压力机传动机构动力学模型中，研究了构件柔性、间隙尺寸以及曲轴转速对高速重载机械压力机传动机构动态特性的影响，并提出无量纲影响指标，对其进行了定量分析。与此同时，为尽可能获得高速重载机械压力机动力学性能，第五章建立了高速重载机械压力机支承轴承流固耦合分析模型，对支承轴承动力学特性影响因素进行了深入研究。在此基础上，第六章设计了高速重载机械压力机的性能试验平台，针对高速重载机械压力机重要性能指标进行了相关测试与分析。本书正文部分共分七个章节，具体的研究内容如下：

第一章为绪论。阐述本书研究的背景和意义，分别综述了国内外高速重载机械压力机在含间隙传动机构动力学建模与分析、支承轴承动力学特性分析以及高速重载机械压力机性能试验研究等领域的研究现状及发展趋势，并引出了本书的主要研究内容。

第二章为高速重载机械压力机传动机构性能研究。从高速重载机械压力机传动机构的运动学特性、动力学特性以及曲轴承载能力三个方面出发，根据高速重载机械压力机传动机构实际参数建立相关分析模型，用于模拟计算高速重载机械压力机传动机构运行过程，为后续高速重载机械压力机关键技术研究提供理论基础。

第三章开展转动副间隙对高速重载机械压力机传动机构动力学影响研究。针对考虑转动副间隙的传动机构，对比了已有的传统接触碰撞力模型特点，详细分析了模型参数对 Lankarani – Nikravesh 接触碰撞力模型的影响。将该模型引入高速重载机械压力机传动机构动力学方程中，建立了含间隙传动机构的动力学分析模型，研究了间隙对传动机构动力学特性的影响。

第四章开展柔性构件对高速重载机械压力机传动机构动力学影响研究。在含间隙传动机构动力学分析基础上，提出了一种高速重载机械压力机传动机构的刚柔耦合建模方法。通过仿真计算结果与试验测试结果的对比分析，验证了建模方法的正确性，并讨论了柔性构件、间隙尺寸和曲轴转速对传动机构动态特性的影响。在此基础上，提出了含柔性构件高速重载机械压力机传动机构动态特性的定量分析方法，并对影响因素进行了定量分析。

第五章开展高速重载机械压力机支承轴承动力学性能研究。以曲轴支承轴承为研究对象，基于计算流体动力学理论，考虑气穴效应的影响，建立了支承轴承的多相流计算模型，并将计算结果与测试结果进行对比，从而验证了该模型的有效性。此外，综合考虑流体润滑性能、热效应和热弹性变形的影响，建立了支承轴承的流、热、固耦合分析模型，分析了不同参数对轴承动力学特性的影响。

第六章开展高速重载机械压力机研制与性能试验研究。在前文高速重载机械压力机关键技术理论研究的基础上，完成了高速重载机械压力机样机的制造与调试。在此基础上，进行了高速重载机械压力机性能试验，并将试验结果与理论分析结果进行对比，验证了理论研究结果的正确性，使得全书研究工作形成了合理的闭环结构。

第七章为全书总结和工作展望。总结了本书的研究工作与研究成果，对本书中存在的不足之处进行了阐述。

2 高速重载机械压力机传动机构 运动学与动力学分析

随着大规模、复杂结构冲压零件市场需求的日益增长，高速重载机械压力机在金属成形加工领域得到了广泛的应用。这就需要高速重载机械压力机不仅能够高速、高精度地运行，而且还要适应于在重载工况下的加工作业。本章以高速重载机械压力机传动机构为研究对象，首先建立了传动机构的运动学分析模型，得到了传动机构构件的位移、速度、加速度与相关参数之间的函数关系。其次，基于达朗贝尔原理建立了传动机构的动态静力学模型，对传动机构运动过程中各构件的约束力和力矩进行了计算。在此基础上，建立了曲轴承载能力分析模型，进行了曲轴的受力分析和承载能力研究，为后续研究高速重载机械压力机传动机构动力学特性以及曲轴支承轴承动力学特性奠定理论基础。

2.1 高速重载机械压力机工作原理及性能指标

本书研究的高速重载机械压力机结构示意图如图 2.1.1 所示。由图可知，高速重载机械压力机主要由电机、驱动轮、平衡滑块、平衡连杆、曲轴、支承轴承、离合器、主连杆、主滑块、模具、工作台和地基几部分组成。从高速重载机械压力机的结构示意图可以看出，压力机传动机构为单自由度机构。在压力机运行过程中，电机通过驱动轮带动曲轴做旋转运动，曲轴再通过连杆带动滑块做竖直方向的往复运动。传动机构部分采用曲柄滑块机构，通过调节电机的输入转速可以改变机构输出的动态特性，比较容易满足恒定转速冲压工艺的要求[92,130]。

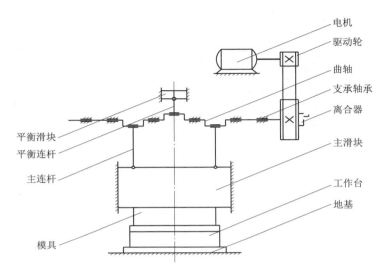

图 2.1.1　高速重载机械压力机结构示意图

高速重载机械压力机具有较好的工艺适应性，通过调节电机转速就可以改变主滑块的运动特性。高速重载机械压力机属于间歇性工作机器，滑块工作行程在整个行程中所占比例较小，除工作行程外都做空载运动[131-132]。因此，高速重载机械压力机在工作时承受周期性的冲击作用，冲击载荷是其主要的工作负荷形式。本书研究的高速重载机械压力机主要性能指标如表 2.1.1 所示，性能指标不仅能够反映压力机的加工性能和生产效率，还可以反映出所加工制件的尺寸范围。此外，由高速重载机械压力机结构示意图和性能指标还可以看出，相对普通机械压力机而言，高速重载机械压力机的工作环境更为复杂。为了保证压力机能在高速、重载的工况下稳定运行，在曲轴支承结构设计时采用了 6 点支承的方式。该结构方式具有较强的保护能力，可以抵抗较大冲击载荷的破坏，提高曲轴结构刚度和稳定性。

表 2.1.1　高速重载机械压力机性能指标

名称	参数
公称压力/kN	7 500
公称压力行程/mm	1.6
滑块行程/mm	50

名称	参数
最大冲程次数/spm	180
最大装模高度/mm	650
离合器最大扭矩/(N·m)	81 000
工作台尺寸/(mm×mm)	3 650×1 500
下死点动态精度/mm	±0.02

大体积、重载荷和高频冲击的特点是制约高速重载机械压力机设计的主要因素，为了使压力机具备较好的加工性能，对传动机构进行合理设计与分析显得尤为重要。影响高速重载机械压力机传动机构动态性能的主要因素包括：构件抗冲击能力、含间隙机构运行的稳定性、曲轴转动的平稳性、压力机振动隔离技术、驱动装置控制策略等。本章进行了高速重载机械压力机传动机构运动学与动力学分析，可作为含间隙传动机构动力学建模、含柔性构件传动机构动态特性分析和曲轴支承轴承动力学特性分析等方面研究的理论基础。

2.2 传动机构运动学分析

传动机构的运动学分析是建立在原动机构运动规律已知条件下，分析机构运行过程中各构件的运动学特性。通过传动机构运动学分析，可以得到该机构的运动轨迹，并为传动机构动力学分析奠定基础。

刚体是由无数点所组成，在点的运动学基础上可研究刚体整体的运动及其与刚体上各点运动之间的关系。刚体的平行移动和定轴转动是工程中最常见的运动，也是研究复杂运动的基础。

（1）刚体的平行移动。

工程中某些物体的运动，如气缸内活塞的运动、车床上刀架的运动等，它们有一个共同的特点，即如果载体内任取一直线段，在运动过程中这条直线段始终与它的最初位置平行，这种运动称为平行移动。

　　如图 2.2.1 所示，刚体内任意选两点 A 和 B，令点 A 的矢径为 r_A，点 B 的矢径为 r_B，则两条矢端曲线就是两点的轨迹。当刚体平行移动时，线段 AB 的长度和方向都不改变，即恒矢量，此刚体上各点的轨迹形状相同，在每一瞬时状态下各点的速度和加速度也相同。因此，研究刚体的平移过程可以归纳为研究刚体内任一点（如质心）的运动，也可以将其看作点的运动学问题。

　　（2）刚体的定轴转动。

　　工程中最常见的齿轮、机床的主轴、电机的转子等，它们都有一条固定的轴线，物体绕此固定轴转动。显然，只要轴线上有两点是不动的，这条轴线就是固定的。刚体在运动时，其上或其扩展部分有两点保持不动，则这种运动称为刚体绕定轴的转动，简称刚体的转动。通过这两个固定点的一条不动的直线，称为刚体的转轴或轴线，简称轴。

　　如图 2.2.2 所示，为确定转动刚体的位置，取 z 轴为转轴，通过轴线作一固定平面 A，同时通过轴线再作一动平面 B，这个平面与刚体固结，一起转动。两个平面间的夹角（转角）用 φ 表示，转角 φ 对时间的一阶导数被称为刚体的瞬时角速度，而角速度对时间的一阶导数被称为瞬时角加速度。

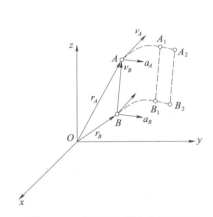

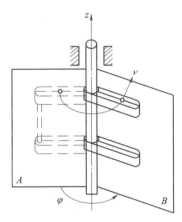

图 2.2.1　刚体平行移动示意图　　　　**图 2.2.2　刚体绕定轴转动示意图**

　　基于刚体位移原理[133-134]，将图 2.2.3 中所示的高速重载机械压力机传动机构部分简化为传动机构运动简图（图 2.2.3）。取 O 点为坐标系原点，定义水平向右为 x 轴正方向，竖直向上为 y 轴正方向，建立高速重载机械压力机传动机构的位移矢量方程为：

$$\vec{OA} + \vec{AB} = \vec{OB} \qquad (2.2.1)$$

$$\vec{OC} + \vec{CD} = \vec{OD} \qquad (2.2.2)$$

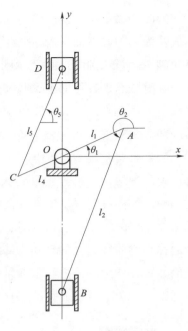

将矢量方程（2.2.1）改写成解析表达式为：

$$\begin{cases} x_A = l_1\cos\theta_1 \\ y_A = l_1\sin\theta_1 \end{cases} \qquad (2.2.3)$$

$$\begin{cases} x_B = l_1\cos\theta_1 + l_2\cos\theta_2 \\ y_B = l_1\sin\theta_1 + l_2\sin\theta_2 \end{cases} \qquad (2.2.4)$$

式中，l_1 为曲柄长度；θ_1 为曲柄与 x 轴正向夹角；l_2 为连杆长度；θ_2 为连杆与 x 轴正向夹角。

理想状态下，滑块水平位移为零，因此，连杆与 x 轴正向夹角表达式可以写成：

图 2.2.3　传动机构简图

$$\theta_2 = \arccos\left(-\frac{l_1\cos\theta_1}{l_2}\right) \qquad (2.2.5)$$

同理可得，平衡机构解析表达式为：

$$\begin{cases} x_C = l_4\cos\theta_4 \\ y_C = l_4\sin\theta_4 \end{cases} \qquad (2.2.6)$$

$$\begin{cases} x_D = l_4\cos\theta_4 + l_5\cos\theta_5 \\ y_D = l_4\sin\theta_4 + l_5\sin\theta_5 \end{cases} \qquad (2.2.7)$$

式中，l_4 为平衡曲柄长度；l_5 为平衡连杆长度；θ_5 为平衡连杆与 x 轴正向夹角；$\theta_4 = \theta_1 + \pi$。

平衡连杆与 x 轴正向夹角的表达式为：

$$\theta_5 = \arccos\left(-\frac{l_4\cos\theta_4}{l_5}\right) \qquad (2.2.8)$$

分别将式（2.2.3）和式（2.2.4）对时间求导可得构件速度运动方程为：

$$\begin{cases} v_{xA} = -l_1\omega_1\sin\theta_1 \\ v_{yA} = l_1\omega_1\cos\theta_1 \end{cases} \qquad (2.2.9)$$

$$\begin{cases} v_{xB} = -l_1\omega_1\sin\theta_1 - l_2\omega_2\sin\theta_2 \\ v_{yB} = l_1\omega_1\cos\theta_1 + l_2\omega_2\cos\theta_2 \end{cases} \tag{2.2.10}$$

式中，ω_1 为曲柄角速度；ω_2 为连杆角速度。

进一步可以获得平衡机构速度运动轨迹表达式：

$$\begin{cases} v_{xC} = -l_4\omega_1\sin\theta_4 \\ v_{yC} = l_4\omega_1\cos\theta_4 \end{cases} \tag{2.2.11}$$

$$\begin{cases} v_{xD} = -l_4\omega_1\sin\theta_4 - l_5\omega_5\sin\theta_5 \\ v_{yD} = l_4\omega_1\cos\theta_4 + l_5\omega_5\cos\theta_5 \end{cases} \tag{2.2.12}$$

式中，ω_5 为平衡连杆角速度。

角速度表达式为：

$$\omega_2 = \frac{l_1\omega_1\sin\theta_1}{\left[l_2^2 - (l_1\cos\theta_1)^2\right]^{\frac{1}{2}}} \tag{2.2.13}$$

$$\omega_5 = \frac{l_4\omega_1\sin\theta_4}{\left[l_5^2 - (l_4\cos\theta_4)^2\right]^{\frac{1}{2}}} \tag{2.2.14}$$

将式（2.2.9）、式（2.2.10）对时间求导，分别得到构件加速度表达式为：

$$\begin{cases} a_{xA} = -l_1\alpha_1\sin\theta_1 - l_1\omega_1^2\cos\theta_1 \\ a_{yA} = l_1\alpha_1\cos\theta_1 - l_1\omega_1^2\sin\theta_1 \end{cases} \tag{2.2.15}$$

$$\begin{cases} a_{xB} = -l_1\alpha_1\sin\theta_1 - l_1\omega_1^2\cos\theta_1 - l_2\alpha_2\sin\theta_2 - l_2\omega_2^2\cos\theta_2 \\ a_{yB} = l_1\alpha_1\cos\theta_1 - l_1\omega_1^2\sin\theta_1 + l_2\alpha_2\cos\theta_2 - l_2\omega_2^2\sin\theta_2 \end{cases} \tag{2.2.16}$$

式中，α_2 为连杆角加速度。

同理可得，平衡机构加速度表达式为：

$$\begin{cases} a_{xC} = -l_4\alpha_1\sin\theta_4 - l_4\omega_1^2\cos\theta_4 \\ a_{yC} = l_4\alpha_1\cos\theta_4 - l_4\omega_1^2\sin\theta_4 \end{cases} \tag{2.2.17}$$

$$\begin{cases} a_{xD} = -l_4\alpha_1\sin\theta_4 - l_4\omega_1^2\cos\theta_4 - l_5\alpha_5\sin\theta_5 - l_5\omega_5^2\cos\theta_5 \\ a_{yD} = l_4\alpha_1\cos\theta_4 - l_4\omega_1^2\sin\theta_4 + l_5\alpha_5\cos\theta_5 - l_5\omega_5^2\sin\theta_5 \end{cases} \tag{2.2.18}$$

式中，α_5 为平衡连杆角加速度。

角加速度表达式为：

$$\alpha_2 = \frac{(l_1\omega_1^2\cos\theta_1 + l_1\alpha_1\sin\theta_1)\ [l_2^2 - (l_1\cos\theta_1)^2]\ -l_1^3\omega_1^2\alpha_1\sin^2\theta_1\cos\theta_1}{[l_2^2 - (l_1\cos\theta_1)^2]^{\frac{3}{2}}} \quad (2.2.19)$$

$$\alpha_5 = \frac{(l_4\omega_1^2\cos\theta_4 + l_4\alpha_1\sin\theta_4)\ [l_5^2 - (l_4\cos\theta_4)^2]\ -l_4^3\omega_1^2\alpha_1\sin^2\theta_4\cos\theta_4}{[l_5^2 - (l_4\cos\theta_4)^2]^{\frac{3}{2}}} \quad (2.2.20)$$

根据上述建立的理论计算模型，从传动机构运动学方面入手，完成其关键构件的运动学分析，仿真计算参数如表 2.2.1 所示。

表 2.2.1　运动学仿真计算参数

参数	取值
曲柄长度/m	0.025
连杆长度/m	1.02
平衡曲柄长度/m	0.03
平衡连杆长度/m	0.63

不同转速下传动机构运动学仿真结果如图 2.2.4 所示。由计算结果可以看出，曲轴转速对滑块位移曲线没有影响，滑块位移曲线保持相同的运动轨迹，而曲轴转速对滑块的速度曲线和加速度曲线影响较大。随着曲轴转速的增加，滑块的速度和加速度明显增大。滑块速度的增加表明运行周期的加快，生产效率的提高，而滑块加速度的增大可能会引起惯性力的增加。由此可见，曲轴转速对传动机构运动特性的影响不容忽视。

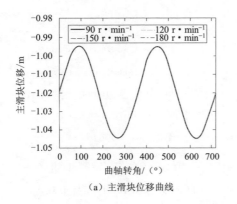

（a）主滑块位移曲线

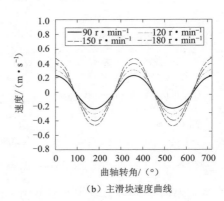

（b）主滑块速度曲线

图 2.2.4　传动机构运动学特性

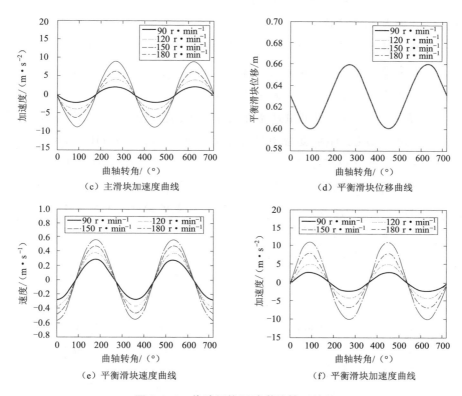

（c）主滑块加速度曲线 （d）平衡滑块位移曲线

（e）平衡滑块速度曲线 （f）平衡滑块加速度曲线

图 2.2.4 传动机构运动学特性（续）

2.3 传动机构动态静力学分析

达朗贝尔原理（D'Alembert principle）阐明，对于任意机械系统中的构件，所有惯性力和施加的外力经过符合约束条件的虚位移，所做虚功的总和等于零。由凯恩方程可知，作用于构件的广义主动力与广义惯性力之和等于零。由此可知，作用于构件的外力与动力的反作用力之和等于零。达朗贝尔原理是分析动力学的基础，具有深刻的意义。从数学角度看，达朗贝尔原理是牛顿第二运动定律的移项，但其主要的贡献在于通过加惯性力的办法将动力学问题转化为静力学问题处理，即将平面静力分析方法应用于刚体的平面动力学分析，极大地简化了动力学问题的复杂程度，且求解过程中充分使用了静力学分析的各种求解技巧，因此该方法被广泛应用于工程实际中。

在冲压设备速度很低的时代，把传动机构作为一个静力系统，只进行静力分析即可满足要求。随着冲压设备速度的提高，构件的惯性力不能再被忽略。根据达朗贝尔原理，可将惯性力计入静力平衡方程来求出为平衡静载荷和动载荷而需在驱动构件上施加的输入力或力矩，以及各运动副中的反作用力，这样一种分析方法被称为动态静力学分析。

由此可见，对于运行速度较低的机械压力机，仅对传动机构进行静力学分析就可以满足设计要求。由于高速重载机械压力机具有转速高和吨位大的特点，传动机构中各构件惯性力也随之增大，其影响不容忽视。因此，考虑高速重载机械压力机在运动过程中受惯性力的影响，基于达朗贝尔原理对压力机的构件进行动态静力学分析[30,135-136]。如图 2.3.1 （a）所示，假设一个平面机构由 n 个运动构件组成，运动构件之间由移动副或转动副相互连接，且至少有 1 个运动构件与固定机身相连接。

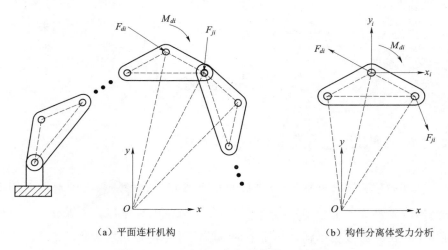

（a）平面连杆机构　　　　　　　　　（b）构件分离体受力分析

图 2.3.1　任意平面连杆机构动力学分析

根据达朗贝尔原理，可将机构拆分为相互独立的分离体（构件），如图 2.3.1 （b）所示。对于任意构件 i，在不考虑摩擦时，将构件 i 上的所有外力/力矩向固定在构件质心的坐标系简化，可以得到机构的平衡方程表达式为：

$$\begin{cases} F_{dix} + m_i\ddot{x}_i = \sum_{i \neq j} F_{jix} \\ F_{diy} + m_i\ddot{y}_i = \sum_{i \neq j} F_{jiy} + m_ig \\ J_i\ddot{\theta}_i - M_{di} = \sum_{i \neq j}(x_{ji} - x_i)F_{jiy} + \sum_{i \neq j}(y_{ji} - y_i)F_{jix} \end{cases} \quad (2.3.1)$$

式中，F_{di} 和 M_{di} 表示构件 i 的驱动力和驱动力矩；m_i 为构件 i 的质量；$\ddot{x}_i$ 和 $\ddot{y}_i$ 分别为构件 i 质心处受水平和竖直方向的加速度；J_i 和 $\ddot{\theta}_i$ 分别表示构件 i 质心处的转动惯量和角加速度；F_{ji} 为构件 i 在转动副处所受到的来自相连构件的约束反力。

本节建立的动态静力学问题是已知机构运动状态和外力情况，求解原动构件上的平衡力或平衡力矩（驱动力或驱动力矩），以及各转动副中的约束反力，即已知运动求力。因此，根据式（2.3.1）建立 n 个运动构件的 $3n$ 个平衡方程，可以得到该机械系统的力平衡矩阵：

$$KN = B \quad (2.3.2)$$

式中，K 为未知变量的系数矩阵，为已知矩阵，其值取决于机构的运动学参数；N 为未知变量向量；B 为已知变量向量，主要为惯性参数。当未知变量个数为 $3n$ 时，机构为静定机构，方程可以求解。若未知变量的个数大于 $3n$ 时，机构为超静定机构，机构中存在过约束，需要给出与静不定次数相等数量的变形协调方程作为补充方程进行求解。

达朗贝尔原理对平面机构动力学建模的过程简明易懂，不易出错，且可以求解全部转动副反力及驱动力/力矩。因此本章将在对高速重载机械压力机传动机构运动学分析的基础上，利用达朗贝尔原理建立构件的力/力矩平衡方程，并对机构进行动力学性能计算与分析。

当高速重载机械压力机高速运行时，在转动副间隙和冲击载荷作用下传动机构以及机身不可避免地会发生振动与变形，且各振动与变形因素之间存在一定的耦合现象，本章只考虑主要因素，忽略相对次要因素开展高速重载机械压力机传动机构动力学分析，为此做如下假设条件：

（1）忽略传动机构中各构件前后方向振动与变形对动力学模型的影响；

（2）传动机构的内力除与载荷有关外，还与各构件的相对刚度有关，相对刚度越大的构件，其变形越小。由于各构件的刚度较机身、滑块和导轨而言要低得多，其在冲击载荷作用下只会产生位移和转角，忽略自身变形，因此假设传动机构中构件为刚体；

（3）假设传动机构中各运动构件的材料具有连续性、均匀性及各向同性；

（4）不考虑各转动副和移动副处的变形和间隙；

（5）忽略由装配误差和温度变化而产生的装配应力与温度应力引起的变形；

（6）由于转动副润滑充分，摩擦阻力相对主动力和惯性力小得多，且变化规律很难精确掌握，因此在本章计算过程中忽略摩擦阻力对传动机构动力学特性的影响；

（7）忽略加工误差导致的构件尺度变化。

在对高速重载机械压力机传动机构动力学分析的基础上，根据上述基于达朗贝尔原理的动力学建模理论，对如图 2.3.2 所示的高速重载机械

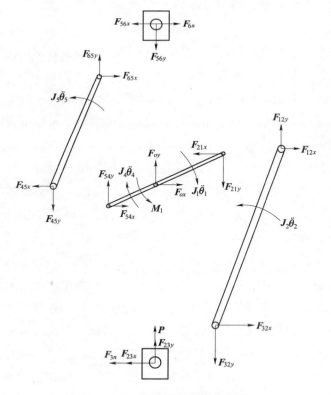

图 2.3.2　传动机构受力分析图

压力机传动机构进行构件拆分，分别给出各构件的受力分析简图，进而可以得到在工作状态下高速重载机械压力机传动机构各运动构件的平衡方程：

$$\begin{cases} m_1\,\ddot{x}_1 = F_{21x} - F_{ox} \\ m_1\,\ddot{y}_1 = m_1g + F_{21y} - F_{oy} \\ J_1\,\ddot{\theta}_1 - M_1 = \dfrac{l_1}{2}F_{21x}\sin\theta_1 - \dfrac{l_1}{2}F_{21y}\cos\theta_1 + \dfrac{l_1}{2}F_{ox}\sin\theta_1 - \dfrac{l_1}{2}F_{oy}\cos\theta_1 \end{cases}$$

$$(2.3.3)$$

$$\begin{cases} m_2\,\ddot{x}_2 = F_{12x} + F_{32x} \\ m_2\,\ddot{y}_2 = m_2g + F_{32y} - F_{12y} \\ J_2\,\ddot{\theta}_2 = \dfrac{l_2}{2}F_{12x}\sin\theta_2 - \dfrac{l_2}{2}F_{12y}\cos\theta_2 - \dfrac{l_2}{2}F_{32x}\sin\theta_2 + \dfrac{l_2}{2}F_{32y}\cos\theta_2 \end{cases} \quad (2.3.4)$$

$$\begin{cases} m_3\,\ddot{x}_3 = F_{3n} - F_{23x} \\ m_3\,\ddot{y}_3 = m_3g - F_{23y} - P \\ (x_{23} - x_3)F_{23y} + (y_{23} - y_3)F_{23x} = 0 \end{cases} \quad (2.3.5)$$

$$\begin{cases} m_4\,\ddot{x}_4 = F_{54x} + F_{ox} \\ m_4\,\ddot{y}_4 = m_4g - F_{54y} - F_{oy} \\ J_4\,\ddot{\theta}_4 - M_1 = \dfrac{l_4}{2}F_{54x}\sin\theta_4 - \dfrac{l_4}{2}F_{54y}\cos\theta_4 - \dfrac{l_4}{2}F_{ox}\sin\theta_4 - \dfrac{l_4}{2}F_{oy}\cos\theta_4 \end{cases}$$

$$(2.3.6)$$

$$\begin{cases} m_5\,\ddot{x}_5 = F_{65x} - F_{45x} \\ m_5\,\ddot{y}_5 = m_5g + F_{45y} - F_{65y} \\ J_5\,\ddot{\theta}_5 = -\dfrac{l_5}{2}F_{65x}\sin\theta_5 + \dfrac{l_5}{2}F_{65y}\cos\theta_5 - \dfrac{l_5}{2}F_{45x}\sin\theta_5 + \dfrac{l_5}{2}F_{45y}\cos\theta_5 \end{cases} \quad (2.3.7)$$

$$\begin{cases} m_6\,\ddot{x}_6 = F_{56x} - F_{6n} \\ m_6\,\ddot{y}_6 = m_6g + F_{56y} \\ (x_{56} - x_6)F_{56y} + (y_{56} - y_6)F_{56x} = 0 \end{cases} \quad (2.3.8)$$

根据上述建立的传动机构动态静力学模型，从传动机构力学方面入手，完成其关键构件的动态静力学分析，仿真计算参数如表 2.3.1 所示。

表 2.3.1　动态静力学仿真计算参数

参数	取值
转速/(r·min^{-1})	180
曲柄质量/kg	453.87
连杆质量/kg	2 000.55
滑块质量/kg	21 594.71
平衡曲柄质量/kg	291.92
平衡连杆质量/kg	793.50
平衡滑块质量/kg	14 476.26
重力加速度/(m·s^{-2})	9.8

　　不同工况下传动机构各构件受力计算结果如图 2.3.3 和图 2.3.4 所示。由计算结果可以看出，空载状态下传动机构构件主要受重力和惯性力影响，构件所受载荷较小，曲柄载荷最大值为 307.4 kN，平衡曲柄载荷最大值为 317.9 kN。在冲压过程中，大部分工作载荷由连杆传递到曲轴上，对平衡机构几乎没有影响。其中，在最大工作载荷（7 500 kN）工况下，传递到曲轴上的最大载荷为 3 748.5 kN，约为空载状态下载荷的 12 倍。由此可见，工作载荷对传动机构动态静力学特性的影响不容忽视。

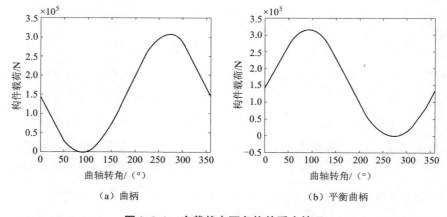

（a）曲柄　　　　　　　　　（b）平衡曲柄

图 2.3.3　空载状态下各构件受力情况

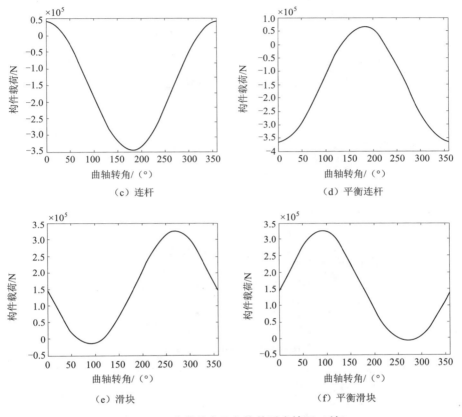

（c）连杆

（d）平衡连杆

（e）滑块

（f）平衡滑块

图 2.3.3　空载状态下各构件受力情况（续）

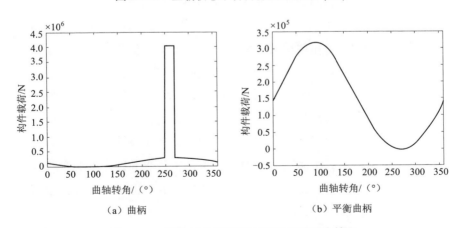

（a）曲柄

（b）平衡曲柄

图 2.3.4　最大工作载荷状态下各构件受力情况

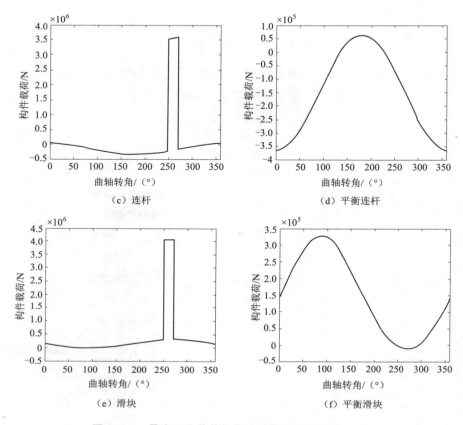

图 2.3.4　最大工作载荷状态下各构件受力情况（续）

2.4　曲轴承载能力分析

为了提高机构（或构件）的刚度及承载能力等动力学特性，往往会附加一些不影响原机构运动规律和自由度的构件或机构。由于机构中存在理论过约束，各构件变形之间存在耦合，机构的动力学建模就变得更加复杂。目前，高速重载机械压力机传动机构曲轴支承系统较为复杂，对此类重载过约束构件动力学建模的相关研究较少，设计理论不够完善，动力学模型计算烦琐，极易出错。因此，本章对如何寻找合适的过约束曲轴支承系统动力学建模方法进行计算与分析。

由图 2.4.1 可以看出，曲轴受到轴承支承力、连杆作用力和平衡连杆作用力的影响。根据受力分析可以列出 2 个平衡方程，由于曲轴有 6 点支承，包含有 6 个未知量。因此，无法通过 2 个平衡方程求解出所有的未知量，在材料力学中将这类问题归纳为超静定问题[137-138]。在工程中，为了提高结构刚度，经常会在静定机构上增加构件引起额外的约束。该原理结构出于安全性设计以及提升曲轴抗偏载能力的考虑，在静定结构中添加了额外构件导致过约束。

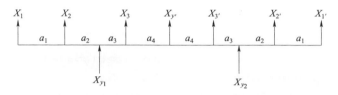

图 2.4.1　曲轴受力图

针对这类问题，通常可以采用力法或位移法建立超静定结构的变形协调方程，以此作为补充方程将超静定问题转化成静定问题进行计算。在计算超静定结构的反力和内力时，不仅要考虑静力平衡条件，还必须考虑位移约束条件。力法是以多余未知力作为基本未知量，以静定结构计算为基础，通过位移约束条件建立力法方程求解出多余未知力，从而把超静定结构计算问题转化为静定结构计算问题[139]。根据本节研究的曲轴受力形式分析，可以采用力法建立变形协调方程直接作为补充方程，简化后的曲轴受力图如图 2.4.2 所示，力法方程的通用形式为：

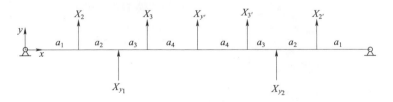

图 2.4.2　简化后的曲轴受力图

$$\delta_i X_i + \Delta_i = 0 \qquad (2.4.1)$$

式中，X_i 为未知力；δ_i 表示 X_i 单独作用于基本结构时引起点 i 沿 X 方向上的位移；Δ_i 为载荷引起基本结构沿 X 方向上的位移。

补充方程的形式为扰度曲线方程，其表达式为：

$$\begin{cases} w = \dfrac{Fbx}{6EIl}\,(l^2 - x^2 - b^2) & (0 \leqslant x \leqslant a) \\[3mm] w = \dfrac{Fb}{6EIl}\left[\dfrac{l}{b}(x-a)^3 + (l^2-b^2)\,x - x^3\right] & (a \leqslant x \leqslant l) \end{cases} \quad (2.4.2)$$

式中，l 为梁的长度；x 为力 F 作用点位置；a 和 b 分别为作用点距梁左右两端的距离；E 为弹性模量；I 为惯性矩。

其惯性矩表达式为：

$$I = \frac{1}{64}\pi d^4 \quad\quad\quad (2.4.3)$$

式中，d 为轴的直径。

根据结构的对称性可知，$X_1 = X_{1'}$，$X_2 = X_{2'}$，$X_3 = X_{3'}$，联立式（2.4.1）~ 式（2.4.3）可得曲轴的力学方程表达式为：

$$\begin{cases} 2(X_1 + X_2 + X_3) + X_{y1} + X_{y2} + X_{y'} = 0 \\[2mm] \delta_{y1} X_{y1} + \delta_3 X_3 + \delta_{y'} X_{y'} + \delta_{3'} X_{3'} + \delta_{y2} X_{y2} + \delta_{2'} X_{2'} + \Delta_2 = 0 \\[2mm] \delta_2 X_2 + \delta_{y1} X_{y1} + \delta_{y'} X_{y'} + \delta_{3'} X_{3'} + \delta_{y2} X_{y2} + \delta_{2'} X_{2'} + \Delta_3 = 0 \end{cases} \quad (2.4.4)$$

根据上述理论分析，从结构力学方面入手，完成对曲轴的承载能力分析，仿真计算参数如表 2.4.1 所示。在最大载荷工况下，忽略摩擦力的影响，进行曲轴的结构力学仿真，计算结果如表 2.4.2 和图 2.4.3 所示。

表 2.4.1　曲轴承载能力仿真计算参数

参数	取值
轴承间距 a_1/m	0.86
轴承间距 a_2/m	0.44
轴承间距 a_3/m	0.36
轴承间距 a_4/m	0.74
弹性模量 E/GPa	210

表 2.4.2　曲轴受力分布计算结果

参数	取值
X_1/N	301 750
X_2/N	− 2 342 700
X_3/N	− 1 857 443

参数	取值
$X_{1'}$/N	301 750
$X_{2'}$/N	− 2 342 700
$X_{3'}$/N	− 1 857 443
X_{y1}/N	4 057 352
X_{y2}/N	4 057 352
$X_{y'}$/N	− 317 918

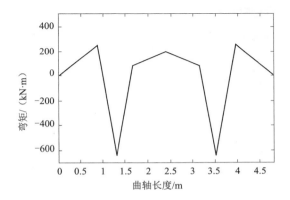

图 2.4.3　曲轴弯矩计算结果

根据曲轴材料（45 钢）的屈服极限，结合上述载荷分析结果，可以得到曲轴各部分的最小截面尺寸，如表 2.4.3 所示。

表 2.4.3　曲轴各部分最小截面尺寸

参数	取值（直径）	实际（直径）
位置 X_2/mm	213	330
位置 X_{y1}/mm	288	420
位置 X_3/mm	148	330
位置 $X_{y'}$/mm	197	380
位置 $X_{3'}$/mm	148	330
位置 X_{y2}/mm	288	420
位置 $X_{2'}$/mm	213	330

在上述计算过程中，综合考虑惯性载荷与冲击作用，并与实际的加工尺寸对比可知，安全系数的计算结果均在 1.45 以上，完全满足设计要求。

2.5　本章小结

根据高速重载机械压力机的工作原理和性能指标，本章建立了高速重载机械压力机传动机构运动学分析模型，采用解析法对传动机构进行了运动学特性分析，得到了传动机构中各构件之间的运动关系。在此基础上，基于达朗贝尔原理建立了传动机构动态静力学分析模型，对传动机构各构件进行了动力学分析，并得到了各构件的受力分析结果。由于曲轴多点支承方式具有超静定力学特性，将变形协调方程引入平衡方程中，对曲轴承载能力进行了力学分析。分析结果表明，本章建立的高速重载机械压力机传动机构性能分析模型可以合理地描述工作载荷对高速重载机械压力机传动机构性能的影响，工作载荷的变化会引起传动机构运动学和动力学特性的改变，其影响不可忽视。此外，高速重载机械压力机传动机构性能研究为下文的进一步分析奠定了理论基础。

3 转动副间隙对高速重载机械压力机传动机构动力学影响研究

转动副间隙不可避免地存在于实际机械系统中，产生转动副间隙的主要原因包括：在零件生产制造过程中必然会产生一定的加工误差；为了满足装配需求，在设计时配合公差的选择而形成规则的间隙误差；转动副元素之间相互的摩擦磨损引起的非规则转动副间隙。间隙的存在将引起机构动力学性能的改变，从而使机构的实际运动与理想运动之间出现偏差。在机构运行过程中，转动副磨损使得间隙尺寸不断增大，导致机构的工作性能不断退化，直到不能满足机构的使用要求而失效。本章以高速重载机械压力机传动机构为研究对象，考虑了转动副间隙对高速重载机械压力机传动机构动力学的影响。为了更有效地描述含间隙转动副接触碰撞过程，将已有的传统接触碰撞力模型进行了详细的对比和分析，并研究了间隙尺寸、恢复系数和初始碰撞速度对非线性弹簧阻尼接触力的影响。在此基础上，分析了转动副间隙接触碰撞条件，基于 Lankarani 和 Nikravesh 提出的非线性弹簧阻尼接触碰撞力模型，建立了含间隙传动机构动力学模型，研究了转动副间隙对高速重载机械压力机传动机构动力学特性的影响。

3.1 含间隙传动机构动力学建模

含间隙传动机构动力学建模的关键是如何把间隙模型嵌入动力学模型中，这需要考虑系统由于间隙的存在而产生拓扑结构的时变性和含间隙转动副接触碰撞过程的正确描述。因此，本章将对如何在多体系统动力学建模过程中将转动副间隙这一因素引入的问题进行详细的研究。

将转动副间隙这一因素引入多体系统动力学模型中需要考虑以下两方面

特征：

（1）间隙几何学分析与系统的"运动分段"。

转动副间隙的存在使多体系统构件之间的连接产生了改变，将轴与轴承原来的"固定约束"转变为"自由运动"阶段，但这并不是唯一的状态转变。当含间隙转动副元素运动轨迹达到间隙尺寸时，轴与轴承之间会发生接触碰撞现象。这就表明，对于某一个转动副间隙来说，显然可以分出"脱离接触，自由运动"阶段和"发生接触，存在相互作用"阶段，这是两种不同的运动状态阶段。因此，含间隙多体系统是一个变结构多体系统，且这个变结构的过程依赖于间隙几何学分析以及动力学过程本身，而不能事先确定，只有采用"运动模式判别"的建模方法才能处理这种系统。

（2）接触碰撞模型。

含间隙多体系统的这种变结构系统，从"自由运动"转变到"发生接触"时运动元素之间很难实现完全光滑平稳的连接，通常会有碰撞过程的发生。如何能准确地描述这一碰撞现象的演化过程是求解含间隙机构动力学的关键。目前有三类描述接触和碰撞过程的理论模型：① 经典接触碰撞模型。该模型假定碰撞体为刚性，碰撞时间无限小，碰撞期内的作用力无限大，且碰撞后马上产生分离，可用恢复系数来计算分离后的动量分配。由于这种接触碰撞模型不能计算实际碰撞载荷大小，因此不适用于本书中的机构动力学模型分析。② 含变形的等效弹簧模型（点接触）。该模型假定含间隙转动副元素碰撞时为点接触，接触点相对碰撞体会有移动，碰撞体之间的作用力通过接触点传递，其作用力的大小依赖于一个带阻尼的等效弹簧，弹簧的位移变数就是接触点相对于碰撞体的位移。该模型适用于接触面变化不大的接触碰撞模型，此时接触碰撞已不再是瞬时过程，可利用该模型获得碰撞体之间作用力的大小，等效弹簧关系式符合动态的 Hertz 接触规律。③ 接触—碰撞问题的完全解法。该模型建立了碰撞体接触后准确的边界条件，用弹塑性有限元来全面求解碰撞体接触碰撞过程中的变形问题，可以得到碰撞体之间作用力随时间和空间的分布规律。

用第二类处理接触碰撞模型的方法来描述本书高速重载机械压力机传动机构中的含间隙转动副元素接触碰撞过程更为合适，采用上述方法将转动副间隙从运动学和动力学两方面引入机构动力学模型中，将会得到一个非定常、变结构及非线性的力学模型。为了保证数值计算上的收敛性与稳定性，不宜直接处理上述力学模型，而是需要对所建立的模型做一些适当的处理，并在算法上做如下选择：

（1）数值模拟不是直接求解上述模型本身，而是将上述模型看作无间隙及无柔性伸展机构运动（可称为"标准运动"）的摄动，从而可对摄动模型做进一步简化运动。

（2）用接触变形进行变结构控制，采用变时间步长算法提高控制精度，这样可以精确地判别接触碰撞和非接触碰撞的不同阶段，并使用不同的动力学方程组进行求解。

3.1.1　含间隙转动副模型

3.1.1.1　转动副间隙描述

在理想的机械系统模型中，转动副连接构件之间的连接点完全重合，而实际机构中转动副间隙的存在是不可避免的。如图 3.1.1 所示，含间隙转动副运动过程可以分为三个不同的阶段，自由状态、接触状态、接触变形状态。将转动副间隙引入机构的动力学模型中是含间隙机构建模的关键[89,140-141]。因此，机构运动的精确位置可以通过转动副元素之间的相对位置有效地描述。

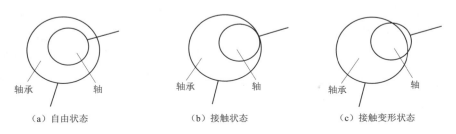

　　　（a）自由状态　　　　　　　（b）接触状态　　　　　（c）接触变形状态

图 3.1.1　不同状态的含间隙转动副模型

间隙的引入改变了理想条件下的转动副约束，使得转动副元素之间增加了两个自由度，为了分析间隙对机构动态行为的影响，学者们采用各种方法来处理模型中的间隙，可以主要分为两种描述方法：一种是约束描述方法，另一种是力描述方法。约束描述方法主要是无质量杆方法，转动副间隙所产生的多余自由度由无质量刚性杆代替；而力描述方法，主要是指当转动副轴与轴承之间发生碰撞时，便会产生相互作用力，由此可见，转动副元素之间的运动特性可由元素之间的接触力来描述。因此,对于转动副间隙的描述方法包括无质量杆方法、弹簧阻尼方法和碰撞铰方法[142]。

(1) 无质量杆模型。

无质量杆方法是将转动副间隙用一个长度等于间隙半径的虚拟无质量杆来代替 (图3.1.2),该模型的优点在于建模方法和求解计算都比较简单。但是,该模型假设轴承与轴之间保持接触状态,忽略了转动副接触表面的弹性变形以及能量转换问题[143]。因此,该模型不能真实地反映转动副元素的运动轨迹和碰撞现象对系统动力学的影响。

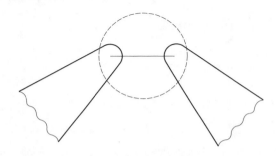

图3.1.2　无质量杆模型

(2) 弹簧阻尼模型。

相比无质量杆方法,弹簧阻尼方法考虑了转动副元素接触表面的弹性变形,采用线性或非线性弹簧阻尼方法描述两个物体接触碰撞的变形过程,更接近实际运动状态。该模型的缺点在于不能描述接触碰撞过程中的能量转换特性,弹簧和阻尼系数很难确定[144],同时计算量很大不容易求解。弹簧阻尼模型如图3.1.3所示。

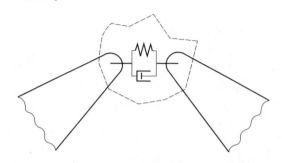

图3.1.3　弹簧阻尼模型

（3）碰撞铰模型。

针对轴承与轴之间不同的运动状态，该模型假设轴承与轴之间的碰撞与分离都是瞬间完成的，并采用了恢复系数和动量定理计算接触碰撞前后过程碰撞体速度的变化，以此来计算接触碰撞过程的能量损失。该模型考虑了接触碰撞表面的弹性变形，描述了接触碰撞过程的能量转换特性，并通过轴承与轴之间的接触力来描述接触碰撞过程[145]。该模型结合实际运动情况有效地表述了含间隙转动副的接触碰撞特性，同时具有计算精度高的特点。碰撞铰方法模拟间隙示意图如图 3.1.4 所示。

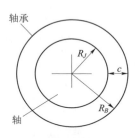

图 3.1.4　碰撞铰方法模拟间隙示意图

分析三种间隙模型模拟方法可知，在前两种方法中，间隙被等效的元件所代替，并且尽可能地模拟间隙的特性，是等效的方法；而第三种方法更符合实际，轴与轴承间的碰撞力是接触表面弹性变形的函数，并且计及碰撞过程中的能量损耗。因此，本章基于碰撞铰模型建立含间隙传动机构动力学模型。

3.1.1.2　含间隙转动副模型

含间隙机构动力学建模的关键是如何把转动副间隙嵌入系统的动力学模型中。为了合理地描述转动副间隙并把间隙引入系统的动力学模型中，通过间隙矢量来描述含间隙转动副元素之间的相对运动关系，因此转动副连接的相邻构件之间的精确相对位置变化可以通过间隙矢量来表示。转动副间隙矢量定义在局部相对坐标系中，间隙矢量的起点为轴承的中心，终点为轴的中心，方向为轴与轴承在机构运行过程中可能发生碰撞的点，转动副间隙矢量的大小被限制在以轴承中心为圆心的间隙圆内，间隙圆半径为轴与轴承半径之差，因此构件的相对运动状态可以通过转动副间隙矢量大小的变化来反映，并且能够进一步反映间隙转动副元素之间是否接触。

对于理想的转动副来说，假设轴与轴承是同心的，但是在机构运行过程中，由于转动副间隙的存在，轴与轴承之间会发生相对运动，从而会产生偏心距。由于转动副间隙对机构动力学特性有较大的影响，因此基于上述间隙矢量模型来建立含间隙转动副的模型。针对机构中转动副的特点，分别考虑理想机构中转动副和实际机构中转动副，对含间隙转动副进行分析，转动副间隙可分为以下两类：

（1）对于理想机构来说转动副元素之间没有间隙，称为零间隙或理想转动副；

（2）对于实际转动副来说需要考虑加工误差（或装配误差），这时间隙大小为固定值，称为规则间隙（或装配间隙）。

由含间隙转动副分析可知，轴承与轴之间的接触力可以通过轴承中心与轴中心的相对位置来描述，通过相对位置还可以进一步判定轴承与轴之间的运动状态，转动副间隙矢量示意图如图 3.1.5 所示[146]。由图可知，轴承与轴的相对位置为：

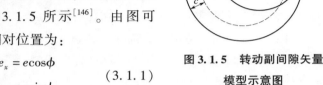

图 3.1.5　转动副间隙矢量模型示意图

$$\begin{cases} e_x = e\cos\phi \\ e_y = e\sin\phi \end{cases} \qquad (3.1.1)$$

由上式可求轴承与轴的中心位置的偏心距：

$$e = \sqrt{e_x^2 + e_y^2} \qquad (3.1.2)$$

当轴承与轴之间发生接触变形时（图 3.1.5），由碰撞引起的变形量大小为：

$$\delta = e - c \qquad (3.1.3)$$

式中，c 为初始半径间隙，且为已知常数。

式（3.1.3）可以作为轴与轴承是否发生碰撞的判断标准，通过 δ 值的大小来得到轴与轴承之间的相对位置。

偏心率的表达式为：

$$\varepsilon = \frac{e}{c} \qquad (3.1.4)$$

根据轴与轴承的位置关系，角度函数可以写成：

$$\phi = \arctan^{-1}\left(\frac{e_y}{e_x}\right) \qquad (3.1.5)$$

将上式中的角度函数对时间求导可以得到角速度：

$$\dot{\phi} = \frac{e_x \dot{e}_y - e_y \dot{e}_x}{e^2} \tag{3.1.6}$$

为了得到含间隙转动副元素的相对运动速度，必须先得到接触点位置[147]：

$$\begin{cases} x_k^c = x_k + r_k \cos\phi \\ y_k^c = y_k + r_k \sin\phi \end{cases} \quad k = j, \ b \tag{3.1.7}$$

式中，r_k 为轴和轴承的半径。

将式（3.1.7）对时间求导，得到相对运动速度：

$$\begin{cases} \dot{x}_k^c = \dot{x}_k - \dot{\phi} r_k \sin\phi \\ \dot{y}_k^c = \dot{y}_k + \dot{\phi} r_k \cos\phi \end{cases} \quad k = j, \ b \tag{3.1.8}$$

此外，碰撞体速度标量可以表示为：

$$\begin{cases} \dot{x}_c = \dot{x}_j - \dot{x}_i \\ \dot{y}_c = \dot{y}_j - \dot{y}_i \end{cases} \tag{3.1.9}$$

为了准确地分析含间隙机构的动力学特性，在含间隙机构运动过程中，必须考虑含间隙转动副中轴与轴承接触碰撞过程中的能量损失，因此在含间隙机构动力学计算时必须计算含间隙转动副碰撞体之间的相对碰撞速度，则碰撞体法向和切向速度的表达式可以写成[148]：

$$\nu_N = \dot{x}_c \cos\phi + \dot{y}_c \sin\phi \tag{3.1.10}$$

$$\nu_T = -\dot{x}_c \sin\phi + \dot{y}_c \cos\phi \tag{3.1.11}$$

3.1.2 运动模式判别

由于转动副间隙的存在，在含间隙传动机构运动过程中轴承与轴之间会发生高频的接触碰撞，因此含间隙传动机构动力学计算时需要对转动副元素的运动状态进行判别[149]。由于含间隙转动副元素的运动状态不能提前预知，还需要保证计算的正确性和高效性，因此需要通过含间隙转动副中轴与轴承对应接触点的相对位置来监测含间隙传动机构的运动状态[150]。

假设 $\delta(q(t))$ 和 $\delta(q(t+\Delta t))$ 分别为在 t 和 $t+\Delta t$ 时刻含间隙转动副元素轴与轴承潜在的接触对应点的相对位置列阵，若满足条件：

$$\delta(q(t))^{\mathrm{T}}\delta(q(t+\Delta t)) < 0 \qquad (3.1.12)$$

则表明在该时间间隔 $[t, t+\Delta t]$ 内至少存在一个切换点。含间隙转动副元素的接触碰撞时间比较短，因此为了能够精确地监测运动状态的切换点，在数值计算时采用变步长的方法确定含间隙转动副元素间的接触和分离时刻。当轴处于自由运动模式时，采用较大的积分步长计算，因此当发生接触碰撞时会产生很大的穿透深度，将导致很大的接触碰撞力，此时将积分循环退一步，然后采用较小的时间步长计算，直到计算误差在允许范围内，即当临近接触点的领域时，通过细化时间步长来精确地确定接触碰撞时刻。在数值计算过程中采用变步长的策略，一方面可提高含间隙机构动力学仿真计算效率，另一方面也可以更加精确地获得在较短时间内的接触碰撞行为。因此，为了满足计算精度要求，在数值计算时可采用变步长法对含间隙传动机构动力学模型进行仿真计算。

3.1.3　含间隙传动机构动力学模型

含间隙传动机构动力学建模的关键是如何将转动副间隙模型引入机构动力学模型中[151]。在实际的高速重载机械压力机传动机构中，主连杆与主滑块之间装有气缸锁紧装置，因此转动副间隙仅存在于主连杆与曲轴之间的连接处，含间隙传动机构原理图如图 3.1.6 所示。

由图 3.1.7 可知，假设曲柄做匀速转动，G_i 表示各运动杆的质心，l_i 和 r_c 分别为运动杆长度和间隙大小。质心坐标位置是求解构件质心速度、加速度的关键[152]，因此运动杆和滑块质心坐标位置表达式为：

$$\begin{cases} x_{G_1} = l_1\cos\theta_1 + l_2\cos(\pi + \theta_2) \\ y_{G_1} = l_1\sin\theta_1 + l_2\sin(\pi + \theta_2) \end{cases} \qquad (3.1.13)$$

$$\begin{cases} x_{G_2} = l_{BG_2}\cos\theta_1 + l_2\cos(\pi + \theta_2) \\ y_{G_2} = l_{BG_2}\sin\theta_1 + l_2\sin(\pi + \theta_2) \end{cases} \qquad (3.1.14)$$

$$\begin{cases} x_{G_3} = l_{OG_3}\cos\theta_2 \\ y_{G_3} = l_{OG_3}\sin\theta_2 \end{cases} \qquad (3.1.15)$$

$$\begin{cases} x_{G_4} = l_3\cos\theta_2 + l_{DG_4}\cos(\pi + \theta_3) + r_c\cos\phi \\ y_{G_4} = l_3\sin\theta_2 + l_{DG_4}\sin(\pi + \theta_3) + r_c\sin(\pi + \phi) \end{cases} \qquad (3.1.16)$$

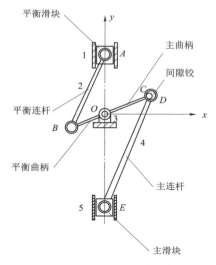 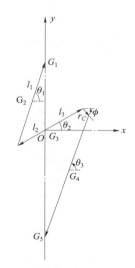

图 3.1.6　含间隙传动机构原理图　　　**图 3.1.7　含间隙传动机构矢量图**

$$\begin{cases} x_{G_5} = l_3\cos\theta_2 + l_4\cos(\pi + \theta_3) + r_C\cos\phi \\ y_{G_5} = l_3\sin\theta_2 + l_4\sin(\pi + \theta_3) + r_C\sin(\pi + \phi) \end{cases} \tag{3.1.17}$$

式中，θ_1 表示平衡连杆角度位置；θ_3 为主连杆角度位置。其函数表达式可写成：

$$\theta_1 = \arccos\left(-\frac{l_2\cos(\pi + \theta_2)}{l_1}\right) \tag{3.1.18}$$

$$\theta_3 = \arccos\left(\frac{l_3\cos\theta_2 + r_C\cos\phi}{l_4}\right) \tag{3.1.19}$$

将质心坐标位置对时间求导，可得质心速度与加速度：

$$\begin{cases} \dot{x}_{G_i} = \sum_{j=1}^{3} \dot{\theta}_j \dfrac{\partial x_{G_i}}{\partial \theta_j} + \dot{\phi}\dfrac{\partial x_{G_i}}{\partial \phi} \\ \dot{y}_{G_i} = \sum_{j=1}^{3} \dot{\theta}_j \dfrac{\partial y_{G_i}}{\partial \theta_j} + \dot{\phi}\dfrac{\partial y_{G_i}}{\partial \phi} \end{cases} \tag{3.1.20}$$

$$\begin{cases} \ddot{x}_{G_i} = \sum_{j=1}^{3} \ddot{\theta}_j \dfrac{\partial x_{G_i}}{\partial \theta_j} + \sum_{j=1}^{3} \dot{\theta}_j^2 \dfrac{\partial^2 x_{G_i}}{\partial \theta_j^2} + \ddot{\phi}\dfrac{\partial x_{G_i}}{\partial \phi} + \dot{\phi}^2 \dfrac{\partial^2 x_{G_i}}{\partial \phi^2} \\ \ddot{y}_{G_i} = \sum_{j=1}^{3} \ddot{\theta}_j \dfrac{\partial y_{G_i}}{\partial \theta_j} + \sum_{j=1}^{3} \dot{\theta}_j^2 \dfrac{\partial^2 y_{G_i}}{\partial \theta_j^2} + \ddot{\phi}\dfrac{\partial y_{G_i}}{\partial \phi} + \dot{\phi}^2 \dfrac{\partial^2 y_{G_i}}{\partial \phi^2} \end{cases} \tag{3.1.21}$$

式中，i 表示运动构件；j 为角度位置。

角度位置对时间求导[153]，同理可得角速度和角加速度的表达式：

$$\dot{\theta}_i = \dot{\theta}_2 \frac{\partial \theta_i}{\partial \theta_2} + \dot{\phi} \frac{\partial \theta_i}{\partial \phi} (i = 1, \ 3) \tag{3.1.22}$$

$$\ddot{\theta}_i = \ddot{\theta}_2 \frac{\partial \theta_i}{\partial \theta_2} + \dot{\theta}_2^2 \frac{\partial^2 \theta_i}{\partial \theta_2^2} + \ddot{\phi} \frac{\partial x_{G_i}}{\partial \phi} + \dot{\phi}^2 \frac{\partial^2 x_{G_i}}{\partial \phi^2} \ (i = 2, \ 3) \tag{3.1.23}$$

轴承与轴表面接触产生接触碰撞力，引起弹性变形[154]。由含间隙传动机构受力分析图（图3.1.8），分析可得系统综合平衡条件方程：

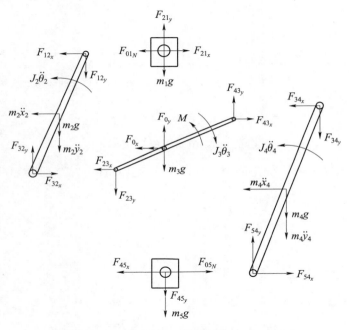

图 3.1.8 含间隙传动机构受力分析图

$$\begin{cases} F_{(i-1)i_x} + F_{(i+1)i_x} = m_i \ddot{x}_{G_i} \\ F_{(i-1)i_y} + F_{(i+1)i_y} = m_i \ddot{y}_{G_i} \\ \sum M_{G_i} = J_{G_i} \ddot{\theta}_{(i-1)} \end{cases} \tag{3.1.24}$$

式中，$F_{(i-1)i_x}$ 和 $F_{(i+1)i_x}$ 代表运动杆间作用力；M_{G_i} 和 J_{G_i} 为驱动力矩和惯性矩；m_i 为构件质量。

3.2 含间隙转动副接触碰撞模型分析

在含间隙传动机构的运动过程中，接触碰撞是一种典型现象。因此，有效地描述转动副间隙接触碰撞过程是开展含间隙传动机构动力学特性研究的关键。接触碰撞力模型的建立必须考虑碰撞体的材料属性、几何形状、碰撞速度等因素影响，同时含间隙传动机构动力学的求解速度和精度也是重要的影响因素。研究者们认为 Hertz 接触碰撞力模型在分析不考虑润滑以及运动速度较低的含间隙机构动力学特性时比较适合，但是 Hertz 接触力模型基于纯弹性理论，没有考虑碰撞过程中的能量损失行为，且无法描述连续的接触碰撞过程。而实际的含间隙机构运动是连续的，因此需要建立连续的接触力模型来分析含间隙机构的动力学特性。

如图 3.2.1 所示，把物体的碰撞简化为一球体和平面的碰撞来表示，图中表示了球体碰撞前、碰撞中及碰撞后的速度与受力变化情况。从图中可以清晰地发现，碰撞物体受力使球体发生了改变。

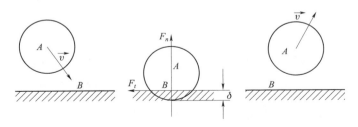

图 3.2.1　弹性碰撞示意图

目前国内外很多学者在接触碰撞问题上提出了多种接触碰撞力模型，典型的模型包括 Kelvin – Voigt 线性弹簧阻尼模型、Hertz 非线性弹簧模型、Hunt – Crossley 非线性弹簧阻尼模型和 Lankarani – Nikravesh 非线性弹簧阻尼模型[155－156]。为了选择合适的接触碰撞力模型对含间隙机构进行动力学分析，因此本节针对典型接触碰撞力模型进行对比分析，作为含间隙传动机构动力学分析的理论基础。

接触碰撞力模型分析以含间隙转动副一次碰撞过程为研究对象，含间隙转动副接触碰撞示意图如图 3.2.2 所示[157]。轴承半径为 10 mm，轴半径为

9.5 mm，轴承与轴的弹性模量 $E = 207$ GPa，泊松比 $\nu = 0.3$，轴的质量为 1 kg，轴承固定，碰撞时轴的初始速度为 1 m/s。

3.2.1　接触碰撞力模型分析

3.2.1.1　Kelvin – Voigt 线性弹簧阻尼模型

对于两个球体接触碰撞问题，Kelvin – Voigt 模型用一组线性平行弹簧 – 阻尼器描述接触变形过程[89,158]。如图 3.2.3 所示，弹簧可以描述接触体的弹性变形，阻尼器可以描述碰撞中动能的损失，模型假设弹簧和阻尼器均为线性已知常数。

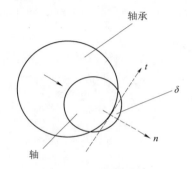

图 3.2.2　含间隙转动副
接触碰撞示意图

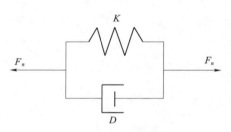

图 3.2.3　Kelvin – Voigt 线性
弹簧阻尼模型

Kelvin – Voigt 法向接触力表达式如下：

$$F_n = K\delta + b\dot{\delta} \tag{3.2.1}$$

式中，K 为弹簧刚度系数；b 为阻尼系数；δ 为在碰撞方向上碰撞体相对挤压深度。取 $K = 6.61 \times 10^{10}$，$b = 2\,000$ N·s/m，仿真结果如图 3.2.4 所示。

由图 3.2.4 可知，接触力大小与变形深度为线性关系，该模型优点在于简单方便。但是模型存在一定的局限性，主要体现在接触力在初始时不连续，弹性力和阻尼力由零时刻随时间增长。当碰撞体分离时变形量为零，相对速度可能会出现负值，即弹性力和阻尼力之和也可能小于零，这与实际情况不符。此外，接触力与碰撞体材料属性、接触面形状等因素有关，简单的线性关系也是不准确的。因此，该模型不能准确地描述接触碰撞过程，误差较大。

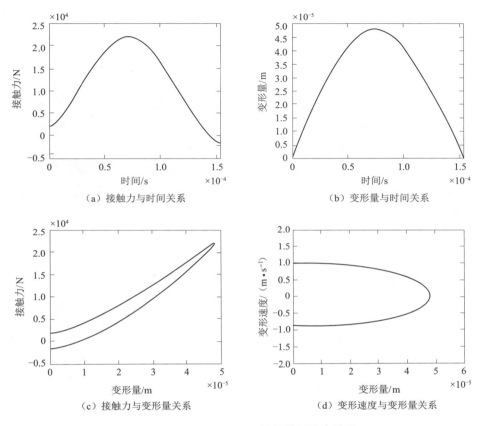

（a）接触力与时间关系　　　　　　　　（b）变形量与时间关系

（c）接触力与变形量关系　　　　　　　（d）变形速度与变形量关系

图 3.2.4　Kelvin – Voigt 接触模型仿真结果

3.2.1.2　Hertz 非线性弹簧模型

Hertz[159]在研究弹性非协调接触时提出了 Hertz 接触理论，Hertz 接触碰撞力模型是基于完全弹性变形，并假设接触表面光滑。Hertz 接触力表达式如下：

$$F_n = K\delta^n \tag{3.2.2}$$

式中，n 为接触指数，取 $n = 1.5$；其他各项含义与前文定义相同。

其中，两球体接触碰撞刚度系数表达式为：

$$K = \frac{4}{3\pi} \frac{1}{(\sigma_i + \sigma_j)} \left(\frac{R_i R_j}{R_i - R_j} \right)^{\frac{1}{2}} \tag{3.2.3}$$

材料参数 σ_i 和 σ_j 可由下式求得：

$$\sigma_k = \frac{1 - \nu_k^2}{\pi E_k} \quad (k = i,\ j) \tag{3.2.4}$$

式中，E_k 和 ν_k 分别为碰撞体的弹性模量和泊松比。

由图 3.2.5 可以看出，接触力与变形量之间是非线性关系，但是还可以发现 Hertz 接触碰撞力模型是基于纯弹性理论，没有考虑接触碰撞过程中能量的损耗。因此，加载过程存储的接触能量与卸载过程中的恢复能量正好相等。虽然 Hertz 接触碰撞力模型不能反映含间隙转动副接触碰撞过程中的能量损失，但相比 Kelvin – Voigt 线性接触碰撞模型，该模型可以较好地描述坚硬材料或低速接触碰撞过程。

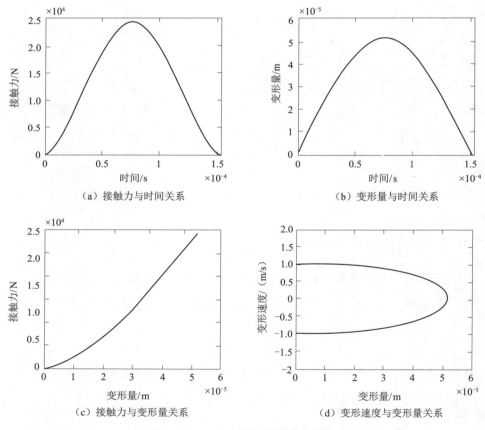

（a）接触力与时间关系　　　　　　　（b）变形量与时间关系

（c）接触力与变形量关系　　　　　　（d）变形速度与变形量关系

图 3.2.5　Hertz 接触模型仿真结果

3.2.1.3　Hunt – Crossley 非线性弹簧阻尼模型

连续接触碰撞力模型是一种以弹簧阻尼系统代替接触区复杂变形的近似方法，而且模型中必须包含轴与轴承接触碰撞过程中的能量损失。接触碰撞过程的能量损失是一定存在的，而且不能被忽略。由上述分析可知，虽然 Hertz 接触碰撞力模型没有考虑接触碰撞过程中的能量损耗，但该模型可以较好地描述非协调接触碰撞过程。Hunt 和 Crossley 基于 Hertz 接触碰撞力模型，并克服 Kelvin – Voigt 线性弹簧阻尼的局限性，提出了一种考虑接触碰撞过程中的能量损失的非线性弹簧阻尼模型[160]。该模型的接触力计算公式为：

$$F_n = K\delta^n + b\delta^n \dot{\delta} \qquad (3.2.5)$$

式中，阻尼系数 b 与恢复系数 c_e 有关，对于中心碰撞问题，取 $c_e = 1 - \alpha \dot{\delta}_0$，$\alpha = 2b/3K$，恢复系数为 0.9。

由仿真结果（图 3.2.6）可知，Hunt – Crossley 接触碰撞力模型考虑了材料属性对接触碰撞过程的影响，初始接触和分离点接触力没有出现不连续情况。该模型可以有效地描述接触碰撞过程的能量损耗，并且接触力和变形量之间为非线性关系。

3.2.1.4　Lankarani – Nikravesh 非线性弹簧阻尼模型

Lankarani 和 Nikravesh 在 Hunt – Crossley 接触碰撞模型研究的基础上，假设含间隙传动机构接触碰撞过程中的能量损失是由材料阻尼引起的，并且含间隙转动副中轴与轴承为低速碰撞，提出了另一种非线性弹簧阻尼模型[92,161]，基于上述假设条件建立了一种新的接触力模型，其表达式如下：

$$F_n = K\delta^n + D\dot{\delta} \qquad (3.2.6)$$

式中，D 为碰撞过程中的非线性阻尼系数，可以表示为：

$$D = \eta\delta^n \qquad (3.2.7)$$

式中，η 为滞后阻尼因子。假设能量损失是由材料阻尼引起的，考虑滞后阻尼的碰撞力曲线如图 3.2.7 所示。

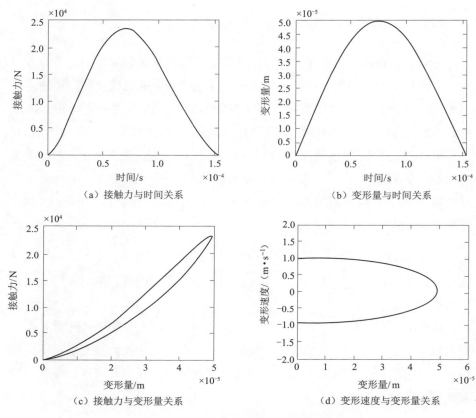

（a）接触力与时间关系　　　　　　　　　　（b）变形量与时间关系

（c）接触力与变形量关系　　　　　　　　　（d）变形速度与变形量关系

图 3.2.6　Hunt – Crossley 接触模型仿真结果

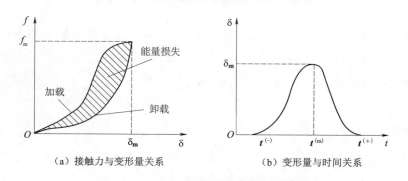

（a）接触力与变形量关系　　　　　　　　　（b）变形量与时间关系

图 3.2.7　考虑滞后阻尼的碰撞力曲线

图 3.2.7 中，$t^{(-)}$、$t^{(m)}$ 和 $t^{(+)}$ 分别为初始碰撞时刻、达到最大变形量时刻和碰撞体分离时刻。最大变形量 δ_m 和接触力 f_m 与达到最大变形量时刻相

关。式（3.2.6）中阻尼系数和滞后阻尼因子可根据能量守恒定理和冲量定理求得[162]。碰撞前后的能量将以热的形式损耗，基于恢复系数 c_e，能量损耗计算公式为：

$$\Delta T = \frac{1}{2} m^{(\mathrm{eff})} \dot{\delta}^{(-)2} (1 - c_e^2)$$ （3.2.8）

其中，

$$m^{(\mathrm{eff})} = \frac{m_i m_j}{m_i + m_j}$$ （3.2.9）

式（3.2.8）可以由接触力沿黏滞环的环路积分得到：

$$\Delta T = \oint D \dot{\delta} \mathrm{d}\delta = \oint \eta \, \delta^n \dot{\delta} \mathrm{d}\delta \cong 2\int_0^{\delta_\mathrm{m}} \eta \delta^n \dot{\delta} \mathrm{d}\delta = \frac{2}{3} \frac{\eta}{K} m^{(\mathrm{eff})} \dot{\delta}^{(-)3}$$ （3.2.10）

结合式（3.2.8）和式（3.2.10）可得滞后阻尼因子为：

$$\eta = \frac{3K(1 - c_e^2)}{4 \, \dot{\delta}^{(-)}}$$ （3.2.11）

式中，$\dot{\delta}^{(-)}$ 为初始碰撞速度；其他各项含义与前文相同。

将式（3.2.11）代入式（3.2.6）中可得：

$$F_n = K\delta^n \left[1 + \frac{3(1 - c_e^2)}{4 \, \dot{\delta}^{(-)}} \right]$$ （3.2.12）

由于 Lankarani 和 Nikravesh 提出的非线性弹簧阻尼接触碰撞力模型能够反映接触碰撞过程中碰撞体的能量损失行为，并且全面地包含了碰撞体材料属性、局部变形、碰撞速度等信息，因此被国内外学者广泛地应用于含间隙机构动力学特性的研究中，Lankarani-Nikravesh 接触碰撞力模型仿真结果如图 3.2.8 所示。

由图 3.2.8 计算结果可知，Lankarani-Nikravesh 接触碰撞力模型考虑了初始碰撞速度对于接触碰撞过程的影响，不仅能够描述接触碰撞过程中的能量损耗情况，还能反映阻尼滞后的特性，更接近实际情况地表达了转动副间隙的接触碰撞过程。此外，Lankarani-Nikravesh 接触碰撞力模型是一种以弹簧阻尼系统代替接触区复杂变形的近似方法，而且模型中包含了轴与轴承接触膨胀过程中的能量损失。

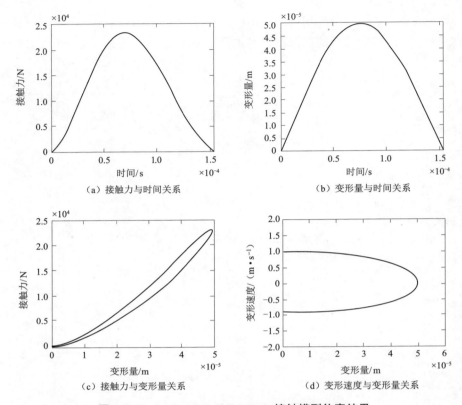

（a）接触力与时间关系　　　　　　　　（b）变形量与时间关系

（c）接触力与变形量关系　　　　　　　（d）变形速度与变形量关系

图 3. 2. 8　Lankarani – Nikravesh 接触模型仿真结果

3. 2. 2　Lankarani – Nikravesh 接触碰撞力模型分析

根据 Love 理论，Lankarani – Nikravesh 接触碰撞力模型仅适用于碰撞速度较低的场合，即碰撞初始速度小于碰撞过程中弹性波的传播速度：

$$\dot{\delta}^{(-)} \leqslant 10^{-5} \sqrt{\frac{E}{\rho}} \tag{3.2.13}$$

式中，E 和 ρ 分别为碰撞体的弹性模量和材料密度。

由于 Lankarani – Nikravesh 接触碰撞力模型中阻尼系数的计算过程加速恢复系数接近于 1，适用于恢复系数接近于 1 的情况。对含间隙转动副接触碰撞力模型描述的准确性是判断含间隙传动机构模型精细程度的一个主要指标，本节在上述研究的基础上，对 Lankarani – Nikravesh 连续接触碰撞力模型进行详细的参数分析。

3.2.2.1 不同间隙尺寸碰撞过程分析

为了进一步研究间隙尺寸对接触碰撞过程的影响，仿真计算模型与前文相同，对间隙一次碰撞进行分析。分别取间隙尺寸为 0.01 mm、0.10 mm、0.50 mm、1.00 mm，恢复系数为 0.9，初始碰撞速度为 1 m/s 进行接触碰撞过程仿真分析，计算结果如图 3.2.9 所示。

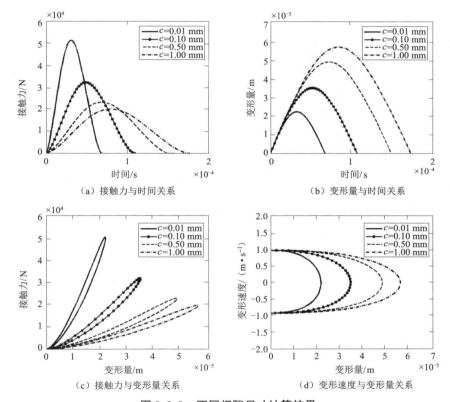

（a）接触力与时间关系　　　　　　（b）变形量与时间关系

（c）接触力与变形量关系　　　　　　（d）变形速度与变形量关系

图 3.2.9 不同间隙尺寸计算结果

由图 3.2.9 可以看出，间隙尺寸对接触碰撞过程影响很大。随间隙尺寸的增加，接触力明显减小。当间隙尺寸为 0.01 mm 时，最大接触力为 $5.130\ 8 \times 10^4$ N，最大变形量为 $2.243\ 8 \times 10^{-5}$ m。当间隙尺寸增大到 1 mm 时，最大接触力为 $2.000\ 9 \times 10^4$ N，最大变形量为 $5.753\ 6 \times 10^{-5}$ m。产生这种现象的原因是间隙尺寸的增大会导致刚度系数减小，从而使得变形量增大。此外，由图 3.2.9 （a）和 3.2.9 （b）还可以发现间隙尺寸越大，达到最大接触力和最大变形量所需的时间就越长，接触碰撞过程时间也随之增加。图3.2.9（c）描述了接触力与变形量的相互关系，反映了阻尼滞后现象的特性。间隙尺寸变大，碰撞阻尼力变小，从而使得接触碰撞过程减慢。由变形速度和变形量关系曲线可知，间隙尺寸变化对能量损耗影响不大，随间隙尺寸的增加，接触碰撞过程能量的损耗几乎不变。

3.2.2.2 不同恢复系数碰撞过程分析

进一步研究恢复系数对接触碰撞过程的影响，仿真计算模型与前文相同，对间隙一次碰撞进行分析。分别取恢复系数为0.5、0.7、0.9、1.0，间隙尺寸为0.5 mm，初始碰撞速度为1 m/s进行接触碰撞过程仿真分析，计算结果如图3.2.10所示。

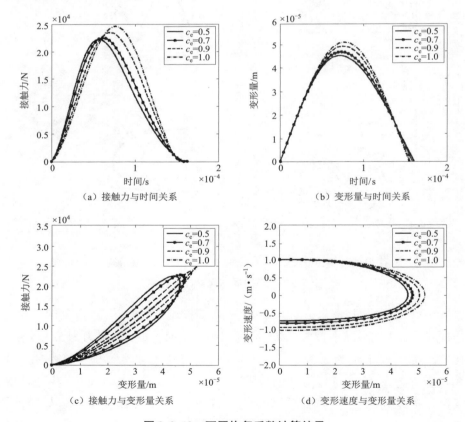

图 3.2.10 不同恢复系数计算结果

由图 3.2.10 可以看出，不同恢复系数描述了不同的接触碰撞过程。随恢复系数的增加，接触力和变形量明显增大。当碰撞系数为 0.5 时，最大接触力为 $2.203\ 5 \times 10^{4}$ N，最大变形量为 $4.537\ 1 \times 10^{-5}$ m。当恢复系数增大到 1 时，最大接触力为 $2.433\ 2 \times 10^{4}$ N，最大变形量为 $5.136\ 4 \times 10^{-5}$ m。此外，由图 3.2.10（a）和图 3.2.10（b）还可以发现恢复系数越大，达到最大接触力和最大变形量所需的时间就越长，而接触碰撞过程时间减小。产生这种现象的原因是恢复系数的增大导致碰撞恢复过程加快，从而使得接触碰撞过程时间减小。图 3.2.10（c）描述了接触力与变形量的相互关系，反映了阻尼滞后现象的特性。恢复系数的变化引起碰撞阻尼力的改变，从而使得能量损耗过程也发生改变。由变形速度和变形量关系曲线可知，不同恢复系数带来不同的能量损耗，恢复系数越大，接触碰撞过程能量的损耗就越小。

3.2.2.3　不同初始碰撞速度碰撞过程分析

进一步研究初始碰撞速度对接触碰撞过程的影响，仿真计算模型与前文相同，对间隙一次碰撞进行分析。分别取初始碰撞速度为 1 m/s、3 m/s、5 m/s、10 m/s，间隙尺寸为 0.5 mm，恢复系数为 0.9 进行接触碰撞过程仿真分析，计算结果如图 3.2.11 所示。

由图 3.2.11 可以看出，不同初始碰撞速度描述了不同的接触碰撞过程。初始碰撞速度增加，接触力和变形量也随之增大。当初始碰撞速度为 1 m/s 时，最大接触力为 $2.321\ 9 \times 10^{4}$ N，最大变形量为 $4.950\ 8 \times 10^{-5}$ m。当初始碰撞速度增大到 10 m/s 时，最大接触力为 $2.418\ 9 \times 10^{4}$ N，而最大变形量为 $5.116\ 8 \times 10^{-5}$ m。此外，由图 3.2.11（a）和图 3.2.11（b）还可以发现初始碰撞速度越大，达到最大接触力和最大变形量所需的时间就越长，而接触碰撞过程时间稍微减小。产生这种现象的原因是初始碰撞速度的增大导致接触力和碰撞变形急剧增加，从而使得接触碰撞过程时间减小。图 3.2.11（c）描述了接触力与变形量的相互关系，反映了阻尼滞后现象的特性。初始碰撞速度变大，接触碰撞过程加快，从而使得能量损耗过程减慢。由变形速度和变形量关系曲线可知，不同初始碰撞速度带来不同的能量损耗，当初始碰撞速度增加到一定程度时，对接触碰撞过程能量的损耗影响变小。

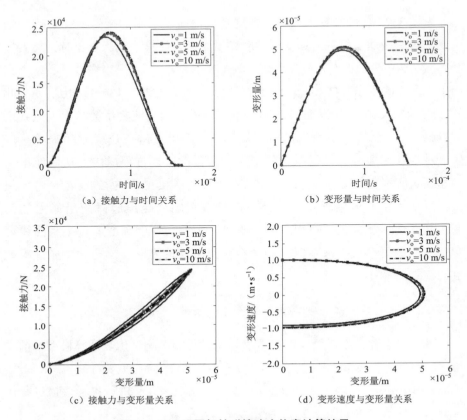

图 3.2.11 不同初始碰撞速度仿真计算结果

3.2.3 摩擦力模型分析

转动副间隙的存在一定会引起轴承与轴之间产生摩擦现象，摩擦力对含间隙传动机构的动力学特性会产生一定的影响。因此，在含间隙传动机构动力学建模过程中，转动副元素之间的摩擦力影响不能忽略。由于本章研究不考虑润滑，故转动副间摩擦力为干摩擦情况。

Coulomb 摩擦力模型在摩擦问题上应用最为广泛[163]，该模型认为摩擦力与作用在摩擦面上的正压力成正比，与接触面积无关，其表达式为：

$$F_t = \mu_d F_n \tag{3.2.14}$$

式中，μ_d 为滑动摩擦系数。

由式（3.2.14）可以看出，Coulomb 摩擦模型没有考虑接触碰撞过程与切向速度的关系，该摩擦力模型无法根据不同的摩擦状态进行相应的转换。

针对上述存在的问题，国内外学者做了大量的研究工作[164-166]。Dubowsky和 Rooney 分别对 Coulomb 摩擦模型做了相应的改进，主要是为了解决在接触碰撞时切向速度为零情况下，如何使摩擦力连续并能有效处理摩擦状态转换的问题。最初，Dubowsky 认为碰撞时切向摩擦力是一个方向与切向速度相反的常力，该摩擦力模型可以定性地反映摩擦力与切向速度之间的关系，其摩擦力与切向速度之间的映射关系如图 3.2.12 所示。

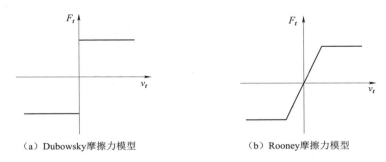

（a）Dubowsky摩擦力模型　　　　　（b）Rooney摩擦力模型

图 3.2.12　摩擦力模型

进一步，Rooney 和 Deravi 提出了一种模型，采用一组方程来计算切向摩擦力。在该摩擦力模型中，当接触碰撞过程相对切向速度不趋向于零时，也即相对切向速度不为零时，摩擦力可以表示为：

$$\boldsymbol{F}_t = -\mu_f F_n \frac{\boldsymbol{v}_t}{\boldsymbol{v}_t} \qquad (3.2.15)$$

式中，μ_f 表示滑动摩擦系数。

而当相对切向速度趋于零时，摩擦力可以表示为一个不等式：

$$-\mu_f F_n < F_t < -\mu_f F_n \qquad (3.2.16)$$

由图 3.2.12 可以看出，当相对切向速度为零时，由表中 Coulomb 摩擦力改进模型计算得到的摩擦力直接由 $-F_t$ 跃变到 F_t，并没有考虑相对速度为零的情况，由于这个过程是瞬间完成的，因此这种计算方法对于数值积分计算时很难求解。然而，Rooney 提出的另外一种摩擦力模型虽然消除了由于摩擦力瞬间转变带来的问题，但还是没能给出当切向速度接近于 0 时，摩擦力数值的表达式。

基于 Coulomb 摩擦力模型，Threlfall 提出了一种改进的摩擦力模型，在该摩擦力模型中，当摩擦力由 $-F_t$ 跃变到 F_t 的过程中，即当相对切向速度趋于零时，摩擦力可以表示为：

$$\boldsymbol{F}_t = -\mu_f F_n \frac{\boldsymbol{\nu}_t}{\nu_t}\left(1 - e^{-\frac{3\nu_t}{\nu_r}}\right) \quad |v_t| < v_r \tag{3.2.17}$$

式（3.2.17）中 ν_t 为比 ν_r 小的在切向速度趋向于零时的特征速度，是一个特点参数。当 ν_r 的取值比较小时，摩擦力模型就与 Dubowsky 提出的模型一致。当 ν_r 取值比较适中时，便可以使摩擦力曲线光滑，摩擦力模型如图 3.2.13（a）所示。该模型在使用过程中需要人为设定一个适合的 ν_r 值，而 ν_r 值的选取缺少标准准则，这会引起摩擦力描述的误差，其计算精度较低。

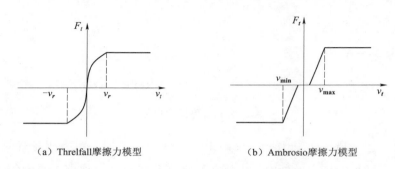

（a）Threlfall摩擦力模型　　　　（b）Ambrosio摩擦力模型

图 3.2.13　改进的摩擦力模型

在此基础上，Ambrosio 将动态修正系数 c_d 引入摩擦力模型中，提出了一种改进的摩擦力模型，如图 3.2.13（b）所示。在该模型中，摩擦力不仅与滑动摩擦系数有关，还与动态修正系数 c_d 有关，是一种动态摩擦力，其表达式可以写为：

$$\boldsymbol{F}_t = -\mu_f c_d F_n \frac{\boldsymbol{\nu}_t}{v_t} \tag{3.2.18}$$

式中，c_d 为动态修正系数。其中 c_d 的表达式如下：

$$c_d = \begin{cases} 0 & |v_t| \leqslant v_0 \\ \dfrac{v_t - v_0}{v_m - v_0} & v_0 \leqslant |v_t| \leqslant v_m \\ 1 & |v_t| \geqslant v_m \end{cases} \tag{3.2.19}$$

式中，v_0 和 v_m 为给定的速度极限值。

3.3 含间隙传动机构动力学特性分析

为了验证本章建立的含间隙传动机构动力学模型的正确性和有效性，以高速重载机械压力机传动机构为研究对象，采用本章建立的转动副间隙接触碰撞模型，进行了传动机构的动力学仿真计算，并在计算过程中采用了变步长法进行求解。

3.3.1 传动机构几何参数与质量特性

传动机构由主曲柄、主连杆、主滑块、平衡曲柄、平衡连杆和平衡滑块组成，含间隙传动机构如图 3.1.6 所示，材料参数和动力学仿真计算参数如表 3.3.1 所示。

表 3.3.1 含间隙传动机构动力学仿真计算参数

参数	取值	参数	取值
弹性模量/GPa	210	平衡曲柄长度/m	0.03
泊松比	0.3	平衡连杆长度/m	0.63
摩擦系数	0.01	主曲柄质量/kg	453.87
恢复系数	0.9	主连杆质量/kg	2 000.55
接触半径/mm	210	主滑块质量/kg	21 594.71
间隙尺寸/mm	0.1	平衡曲柄质量/kg	291.92
主曲柄长度/m	0.025	平衡连杆质量/kg	793.50
主连杆长度/m	1.02	平衡滑块质量/kg	14 476.26

曲柄转速为 150 r·min，初始状态时曲柄为水平方向，初始角度为零，初始状态为轴承与轴同心，进行动力学仿真。当传动机构达到稳定状态后，取曲柄旋转两周的仿真结果进行分析。

3.3.2 间隙对传动机构动力学特性的影响

对含间隙传动机构进行动力学仿真，比较含间隙传动机构与理想机构的主滑块动力学特性，进一步分析间隙对传动机构动力学特性的影响，仿真结果如图3.3.1所示。

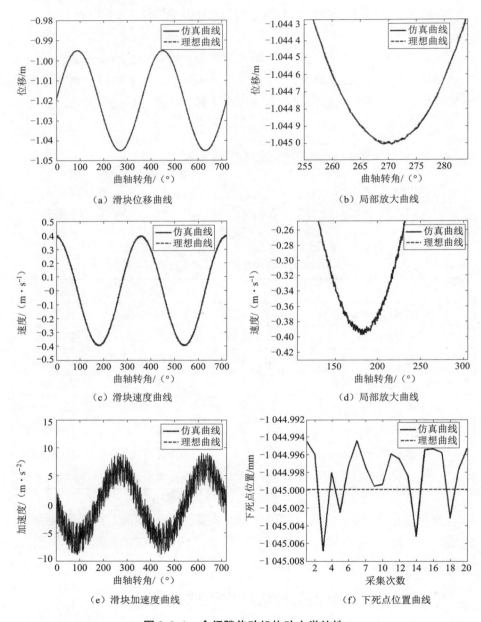

（a）滑块位移曲线　　　　　　　　（b）局部放大曲线

（c）滑块速度曲线　　　　　　　　（d）局部放大曲线

（e）滑块加速度曲线　　　　　　　（f）下死点位置曲线

图 3.3.1　含间隙传动机构动力学特性

由图 3.3.1（a）可以看出，间隙对传动机构位移曲线影响不大，滑块位移曲线与理想曲线基本重合。相对位移曲线，间隙对传动机构速度曲线的影响增大，含间隙传动机构速度曲线出现振动现象。然而，滑块加速度曲线可以更清楚地描述转动副间隙的接触碰撞现象，与理想状态下的滑块加速度曲线偏差很大。同时还可以发现含间隙传动机构滑块的加速度曲线围绕理想曲线发生高频振动，出现许多峰值。由图 3.3.1（f）可知，由于含间隙转动副接触碰撞现象的存在，滑块的下死点位置产生明显的波动。由此可见，转动副间隙对传动机构的下死点动态精度影响不容忽视。

3.4　本章小结

针对转动副间隙接触碰撞问题，分析了已有的传统接触碰撞力模型的局限性和适用性，并对 Lankarani – Nikravesh 非线性弹簧阻尼接触碰撞力模型进行了详细的研究。研究结果表明，Lankarani – Nikravesh 接触碰撞力模型考虑了含间隙转动副元素的材料特性、接触碰撞过程的能量损失和碰撞速度等因素，可以有效地描述转动副间隙的实际接触碰撞过程。在此基础上，将 Lankarani – Nikravesh 接触碰撞力模型和 Coulomb 摩擦力修正模型引入传动机构动力学模型中，建立了含间隙传动机构动力学模型。进一步，对考虑间隙的高速重载机械压力机传动机构进行了动力学研究，结果表明：① 本章建立的含间隙传动机构动力学模型可以合理地描述间隙对传动机构动力学特性的影响；② 间隙的存在是引起转动副元素之间产生接触碰撞力的原因；③ 转动副间隙的存在使得滑块加速度曲线出现明显的波动，表明传动机构的稳定性降低。此外，含间隙传动机构动力学建模方法和动力学特性的研究有利于工程实际应用分析，本章的研究内容可作为后续含柔性构件高速重载机械压力机传动机构动力学特性研究的理论基础。

4 柔性构件对高速重载机械压力机传动机构动力学影响研究

在上一章含间隙传动机构动力学研究的基础上，本章以高速重载机械压力机传动机构为研究对象，建立了含柔性构件的高速重载机械压力机传动机构刚柔耦合分析模型，并通过试验验证了新模型的正确性和有效性。在此基础上，研究了柔性构件对高速重载机械压力机传动机构的动力学影响。由于目前高速重载机械压力机传动机构动态特性分析多是定性的分析，关于传动机构动态特性的定量分析较少，然而更有价值的研究应该是提出一些定量的指标说明柔性构件对高速重载机械压力机传动机构整体动力学性能的影响。因此，本章在含柔性构件传动机构动力学特性定性分析的基础上，通过定义无量纲影响指标，定量分析了柔性构件对高速重载机械压力机传动机构动态特性的影响，从而为高速重载机械压力机传动机构设计提供参考。

4.1 含柔性构件传动机构多体动力学建模

柔性多体系统动力学的刚柔耦合问题不但是航天、机器人、机床等工程领域中的关键技术难题，也是当今力学理论领域普遍关注的热点问题。由于工作环境的复杂性、工作性能的要求以及构件的转动副间隙等因素，柔性多体系统在运行中很可能会跟自身或其周围环境发生接触碰撞，而接触碰撞会引起柔性多体系统的动力学特性发生巨大变化，激发柔性体的高阶模态，影响系统的运行稳定性和精度。接触碰撞过程具有强非线性、高度耦合、数值计算困难等复杂特性，使得对柔性多体系统接触碰撞问题的研究具有很大难度。

解决柔性多体系统接触碰撞动力学问题的关键在于建立准确的刚柔耦合

动力学模型和对接触碰撞过程的正确处理，然后在此基础上找到高效稳定的求解方法。根据对接触碰撞过程假设条件的不同可以将多体系统接触碰撞动力学建模方法分为冲量–动量法、连续接触力法、接触约束法等几类。由于上述几种方法各有优势和局限性，目前国内外学者在柔性多体系统接触碰撞动力学建模方面还没有形成统一的意见。尽管对于刚体和结构的接触碰撞问题已进行了较长时间的研究，但对于实际工程应用中的含柔性构件多体系统接触碰撞问题研究尚显得相对薄弱，这是一个在本质上含有时间和空间的多尺度、强非线性、高度耦合、非连续和非光滑的动力学问题。因此，本章针对高速重载机械压力机传动机构含柔性构件多体系统动力学建模问题开展深入研究，以求得到更为准确的传动机构动力学分析模型来描述高速重载机械压力机动力学行为。在传动机构动力学建模之前，有必要提出如下基本假设条件：

（1）材料均匀、各向同性，本构关系满足胡克定律，即材料处于线弹性阶段。

（2）连杆为柔性体，不计连杆的剪切和扭转效应。

（3）连杆的变形和应变为小变形、小应变。

4.1.1　多体系统动力学建模

含间隙多体系统动力学建模的关键是建立转动副间隙与机构之间的运动学关系。为了更有效地描述含柔性构件高速重载机械压力机传动机构运动过程，将图4.1.1所示的含间隙转动副模型引入多体系统的动力学模型中，并通过轴承中心与轴中心的相对位置变化来表示转动副元素之间的运动关系[167-168]。同时，还可以通过相对位置的大小来反映碰撞体间的变形大小。

$$h = c - \sqrt{x^2 + y^2} \qquad (4.1.1)$$

式中，x 和 y 分别表示轴承与轴之间水平和垂直方向的距离；当 $h > 0$ 时，表示轴承与轴处于分离状态，而 $h \leq 0$ 时，则表示轴承与轴之间发生了接触。

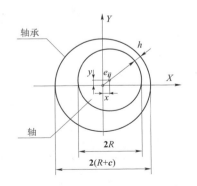

图 4.1.1　含间隙转动副模型示意图

对于理想机构而言，通常认为轴承与轴是同心的，且相互之间不发生碰撞。但是在实际的机构运行过程中，由于转动副间隙的存在，轴承与轴之间会产生相对运动，从而产生偏心距 e_{ij}。由于转动副间隙会对传动机构动力学特性产生较大的影响，因此基于上述转动副间隙模型进行建模，轴承与轴之间的间隙大小可以表示为：

$$c = R_B - R_J \tag{4.1.2}$$

式中，R_B 与 R_J 分别表示轴承与轴的半径。

多体系统中转动副间隙模型如图4.1.2所示，体 i（轴承）和体 j（轴）的质心位置分别由 O_i 和 O_j 表示[169]。P_i 和 P_j 分别表示轴承和轴的中心位置，轴承与轴的间隙矢量为：

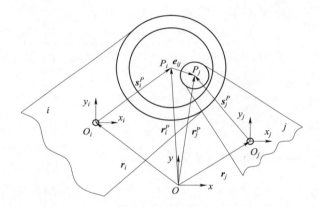

图 4.1.2　多体系统中转动副间隙模型

$$\boldsymbol{e}_{ij} = \boldsymbol{r}_j^P - \boldsymbol{r}_i^P \tag{4.1.3}$$

式中，全局惯性坐标系下表示的位置矢量 $\boldsymbol{r}_i^P$ 和 $\boldsymbol{r}_j^P$ 通过坐标变换[170]，在体坐标系下可表示为：

$$\boldsymbol{r}_i^P = \boldsymbol{r}_i + \boldsymbol{A}_i \boldsymbol{s}_i^P \tag{4.1.4}$$

$$\boldsymbol{r}_j^P = \boldsymbol{r}_j + \boldsymbol{A}_j \boldsymbol{s}_j^P \tag{4.1.5}$$

由图4.1.1可知，间隙矢量的偏心距可表示为：

$$e_{ij} = \sqrt{\boldsymbol{e}_{ij}^{\mathrm{T}} \boldsymbol{e}_{ij}} \tag{4.1.6}$$

轴承和轴碰撞时的法向单位矢量表达式如下：

$$\boldsymbol{n} = \frac{\boldsymbol{e}_{ij}}{e_{ij}} \tag{4.1.7}$$

如图4.1.3所示，由接触碰撞引起的接触变形可以写成：

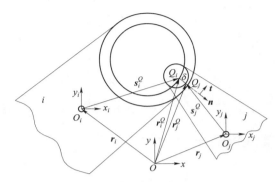

图 4.1.3　碰撞时转动副间隙示意图

$$\delta = e_{ij} - c \qquad (4.1.8)$$

式中，轴承与轴半径差 c 为常数。

轴承和轴上的接触碰撞点 Q_i 和 Q_j 的位置由下式决定：

$$r_i^Q = r_i + A_i s_i^Q + R_i n \qquad (4.1.9)$$

$$r_j^Q = r_j + A_j s_j^Q + R_j n \qquad (4.1.10)$$

式中，R_i 和 R_j 分别为轴承和轴的半径。

考虑接触碰撞过程的能量损耗是计算碰撞问题不可缺少的因素，接触碰撞点 Q_i 和 Q_j 的速度可由式（4.1.9）和式（4.1.10）求导得到：

$$\dot{r}_i^Q = \dot{r}_i + \dot{A}_i \, \dot{s}_i^Q + R_i \dot{n} \qquad (4.1.11)$$

$$\dot{r}_j^Q = \dot{r}_j + \dot{A}_j \, \dot{s}_j^Q + R_j \dot{n} \qquad (4.1.12)$$

碰撞点位置的相对法向速度和相对切向速度在平面上的投影，如图4.1.4所示。

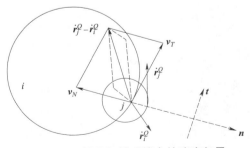

图 4.1.4　轴承与轴碰撞点的速度矢量

从图 4.1.4 可知，通过法向速度可以判断接触体之间的状态，即接触或分离。而接触体间是滑动状态还是黏滞状态可由法向速度决定，则相对速度标量表达式如下：

$$\boldsymbol{v}_N = (\dot{\boldsymbol{r}}_j^Q - \dot{\boldsymbol{r}}_i^Q)^T \boldsymbol{n} \tag{4.1.13}$$

$$\boldsymbol{v}_T = (\dot{\boldsymbol{r}}_j^Q - \dot{\boldsymbol{r}}_i^Q)^T \boldsymbol{t} \tag{4.1.14}$$

式中，切向单位矢量 $\boldsymbol{t}$ 可由法向单位矢量 $\boldsymbol{n}$ 逆时针旋转 90° 得到。

4.1.2 转动副接触碰撞过程力学建模

4.1.2.1 接触碰撞力模型

为了有效地描述轴承与轴之间接触碰撞过程，接触碰撞力模型的定义非常重要。本章在含间隙转动副接触碰撞力模型的研究基础上，采用 Lankarani - Nikravesh 接触碰撞力的修正模型。该模型提出了非线性阻尼系数，并根据冲量定理与能量守恒定律确定阻尼系数和滞后阻尼因子[171-172]。进而，通过碰撞体的材料性质和接触面几何形状求得非线性阻尼系数。因此，含间隙转动副接触碰撞力模型的表达式为：

$$F_n = \begin{cases} K\delta^n + \text{STEP}(\delta,\ 0,\ 0,\ d_{\max},\ c_{\max})\dot{\delta} & \delta > 0 \\ 0 & \delta \leqslant 0 \end{cases} \tag{4.1.15}$$

式中，δ 为碰撞点法向变形量。

接触碰撞力模型也可表示为：

$$F_n = K\delta^n + C(\delta)\dot{\delta} \tag{4.1.16}$$

式中，$C(\delta)$ 为阻尼系数，可表示为：

$$C(\delta) = \begin{cases} 0 & \delta < 0 \\ c_{\max}\left(\dfrac{\delta}{d_{\max}}\right)^2\left(3 - 2\dfrac{\delta}{d_{\max}}\right) & 0 < \delta < d_{\max} \\ c_{\max} & \delta \geqslant d_{\max} \end{cases} \tag{4.1.17}$$

式中，$c_{\max}$ 为最大阻尼系数，与两碰撞物体本身材料属性有关。同时，也与两碰撞物体的外形轮廓有关。$d_{\max}$ 为最大变形量，通常取 0.01 mm。阻尼系数与变形深度的关系，如图 4.1.5 所示[173]。

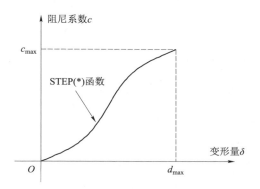

图 4.1.5 STEP(∗) 函数示意图

通过接触点的法向变形 δ 可以判断轴承与轴之间的运动状态, 其判别转动副间隙发生接触碰撞的条件为:

$$
\begin{cases}
\delta < 0 & \text{未接触, 自由运动} \\
\delta = 0 & \text{开始接触或开始分离} \\
\delta > 0 & \text{接触, 发生弹性变形}
\end{cases}
$$

4.1.2.2 摩擦力模型

白争锋[175] 提出了一种新的 Coulomb 摩擦力的改进模型, 该模型考虑了动态摩擦系数与切向滑动速度的关系, 引入动态摩擦系数的概念可以更有效地表达摩擦系数与滑动速度之间的关系, 其函数曲线如图 4.1.6 所示。本章采用该摩擦力模型, 则摩擦力计算公式为:

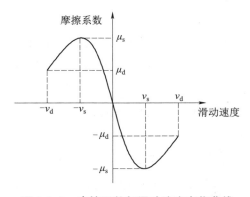

图 4.1.6 摩擦系数与滑动速度变化曲线

$$F_t = -\mu(v_t) \ F_N \frac{\boldsymbol{v}_t}{|v_t|} \tag{4.1.18}$$

式中，$\mu(v_t)$ 为动态摩擦系数[176]，其表达式如下：

$$\mu(v_t) = \begin{cases} -\mu_\mathrm{d}\mathrm{sign}(v_t) & |v_t| > v_\mathrm{d} \\ -\mathrm{STEP}(|v_t|, \ v_\mathrm{d}, \ \mu_\mathrm{d}, \ v_\mathrm{s}, \ \mu_\mathrm{s}) \ \mathrm{sign}(v_t) & v_\mathrm{s} \leqslant |v_t| \leqslant v_\mathrm{d} \\ \mathrm{STEP}(v_t, \ -v_\mathrm{s}, \ \mu_\mathrm{s}, \ v_\mathrm{s}, \ -\mu_\mathrm{s}) & |v_t| < v_\mathrm{s} \end{cases}$$

$$\tag{4.1.19}$$

式中，v_t 为碰撞点位置轴承与轴的相对滑动速度；μ_s 和 μ_d 分别表示静摩擦系数和动摩擦系数；v_s 为静摩擦临界速度；v_d 为最大动摩擦临界速度。

4.1.3　含间隙碰撞的多体系统动力学方程

根据上述研究可知，将含间隙转动副模型引入多体系统动力学方程中的关键在于需要考虑系统运动过程的不同运动状态。在含间隙机构的多体系统中，轴承与轴之间"自由运动"和"接触碰撞"状态有可能交替发生[132,177-178]。因此，在多体系统动力学建模时，应当采用"运动分段"的建模方法来处理这种多体系统。

在"自由运动"状态时，轴承与轴相互脱离，相应的几何约束应当解除，其他不含间隙转动副单元处的几何约束依然存在。根据拉格朗日乘子法，此时传动机构的动力学方程为：

$$\begin{cases} \boldsymbol{M}\ddot{\boldsymbol{q}} + \boldsymbol{C}\dot{\boldsymbol{q}} + \boldsymbol{K}\boldsymbol{q} + \boldsymbol{\phi}_q^\mathrm{T}\boldsymbol{\lambda} = \boldsymbol{f} \\ \boldsymbol{\phi}(\boldsymbol{q}, \ t) = 0 \end{cases} \tag{4.1.20}$$

式中，$\boldsymbol{M}$、$\boldsymbol{C}$ 和 $\boldsymbol{K}$ 分别为系统的广义质量阵、阻尼阵和刚度阵；$\boldsymbol{q}$ 表示广义坐标矩阵；$\boldsymbol{\phi}_q$ 为广义约束方程 $\boldsymbol{\phi}(\boldsymbol{q}, \ t) = 0$ 的雅可比矩阵；$\boldsymbol{\lambda}$ 和 $\boldsymbol{f}$ 分别表示广义力阵和 Lagrange 乘子列阵。

当系统运动状态改变满足"接触碰撞"条件时，系统的约束条件发生变化。此时要反映接触碰撞阶段的运动特征，需要引入等效接触碰撞力来描述碰撞体之间的相互作用，则系统动力学方程为：

$$\begin{cases} \boldsymbol{M}\ddot{\boldsymbol{q}} + \boldsymbol{C}\dot{\boldsymbol{q}} + \boldsymbol{K}\boldsymbol{q} + \boldsymbol{\phi}_q^\mathrm{T}\boldsymbol{\lambda} = \boldsymbol{f} + \boldsymbol{F}_c \\ \boldsymbol{\phi}(\boldsymbol{q}, \ t) = 0 \end{cases} \tag{4.1.21}$$

式中，F_c 为接触力相对于广义坐标 q 的广义力列阵。

$$F_c = F_n + F_t \qquad (4.1.22)$$

式中，各项含义与前文定义相同。

4.1.4 柔性构件的模态分析

在高速重载机械压力机运行过程中，由于电机运转、滑块的往复运动以及转动副间隙等振动源激励的存在，柔性构件会产生振动。当柔性构件振动的激励频率接近传动机构整体或局部的固有频率时，传动机构将产生共振现象进而引起强烈振动。同时，考虑到含间隙转动副的碰撞过程可能激发柔性体的高阶模态及碰撞过程中动力学性态的变化，本节采用有限元法对柔性构件进行模态分析计算[179]。系统的振动微分方程为：

$$M\ddot{x} + C\dot{x} + Kx = F \qquad (4.1.23)$$

式中，M、C 和 K 分别为质量矩阵、阻尼矩阵和刚度矩阵；x、$\dot{x}$ 和 $\ddot{x}$ 分别为广义坐标系下的位移、速度和加速度；F 表示激励力向量。

由于结构固有频率与载荷无关，且阻尼项一般较小，因此可以假设系统发生无阻尼振动，则振动微分方程可表示为：

$$M\ddot{x} + Kx = 0 \qquad (4.1.24)$$

设其解的形式为：

$$X = A\sin(\omega t + \phi) \qquad (4.1.25)$$

式中，A 为与时间无关的振幅列阵；ω 为系统固有圆频率；φ 为初始相位角。

将式（4.1.25）代入式（4.1.24），整理得到系统的频率特征方程表达式如下：

$$(K - \omega^2 M)A = 0 \qquad (4.1.26)$$

$$|K - \omega^2 M| = 0 \qquad (4.1.27)$$

通过求解上式，即可得到系统的各阶固有频率。

4.2 含柔性构件传动机构动力学仿真

4.2.1 传动机构几何参数与质量特性

高速重载机械压力机的传动机构主要由曲轴、主连杆、主滑块、平衡连杆和平衡滑块五部分组成，动力学仿真计算模型如图 4.2.1 所示。含间隙转动副存在于主连杆与曲轴的连接处，其他连接为理想转动副。本章将主连杆和平衡连杆考虑为柔性体部件，建立高速重载机械压力机传动机构的刚柔耦合分析模型（采用 Adams 和 ANSYS 仿真计算软件），其材料参数和动力学仿真计算参数如表 4.2.1 和表 4.2.2 所示。

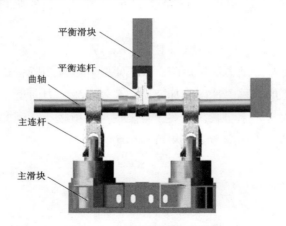

图 4.2.1 刚柔耦合仿真模型

表 4.2.1 柔性体材料性能参数

柔性	弹性模量 E/GPa	泊松比 ν	密度 ρ/（kg·m^{-3}）
主连杆	206	0.3	7 850
平衡连杆	206	0.3	7 850

表 4.2.2 动力学仿真计算参数

参数	取值	参数	取值
弹性模量 E/GPa	210	主曲柄长度/m	0.025
泊松比 ν	0.3	主连杆长度/m	1.02
密度 ρ/（kg·m^{-3}）	7 960	平衡曲柄长度/m	0.03

参数	取值	参数	取值
刚度系数$K_n/$（N·m^{-1}）	3.17×10^{12}	平衡连杆长度/m	0.63
静摩擦系数μ_s	0.01	主曲柄质量/kg	453.87
动摩擦系数μ_d	0.01	主连杆质量/kg	2 000.55
最大阻尼系数c_{max}	0.01	主滑块质量/kg	21 594.71
最大嵌入深度d_{max}/mm	0.01	平衡曲柄质量/kg	291.92
接触半径R/mm	210	平衡连杆质量/kg	793.50
间隙尺寸c/mm	0.1	平衡滑块质量/kg	14 476.26

　　含接触碰撞问题的柔性多体系统动力学方程的最终形式一般是常微分形式（ODEs）或微分－代数形式（DAEs）的方程组，在对动力学方程进行求解时，数值计算方程将直接影响求解的精度和稳定性。方程中慢变分量（大范围刚体运动分量）和快变分量（小变形运动分量）共存，致使方程呈明显的刚性，导致数值计算的误差和困难。对常微分方程组，可直接通过数值积分进行计算，常用的数值积分算法有 Runge－Kutta 法、Newmark 法、Adams 预报－校正法、Gear 法等。对于微分－代数方程组，由于雅可比矩阵的条件数过大、变步长算法中局部误差的阶缩减及稳定性问题，其求解更为困难，一般可采取增广法或缩并法进行处理。由于接触碰撞时间比较短，在数值积分过程中，一般需要采用变步长的方法。在碰撞过程中，通过细化时间步长因子精确确定接触碰撞动力学响应，而当处于未接触阶段时，使用正常的时间步长。这一方面可以提高计算效率，另一方面可以精确捕捉到在较短时间内有可能发生的多次接触碰撞问题。

　　为了求解高速重载机械压力机传动机构多体系统的运动微分方程，在 Adams 中采用变系数 GSTIFF 积分器，该方法包含变系数积分程序 BDF，可实现自动变阶、变步长。仿真计算中，积分公差为 0.001，步长为 0.001 s，Newton－Raphson 迭代算法允许运动微分方程最大迭代次数为 10。同时，SI1 积分格式可在求解运动微分方程时监控系统中拉格朗日乘子的脉冲积分误差，而雅可比矩阵在最小步长时保持稳定，这会增加其校正的稳定性和鲁棒性。

　　动力学仿真过程假设初始状态为轴承与轴同心，以曲轴中心点为原点，主滑块质心为参考点，对传动机构进行静平衡分析后进行动力学仿真。当传动机构达到稳定状态后，取曲柄旋转两周的仿真结果进行分析。

4.2.2　传动机构刚柔耦合模型试验验证

考虑到碰撞过程可能激发柔性体的高阶模态以及碰撞过程中动力学性态的变化，通过有限元计算得到主连杆和平衡连杆前 6 阶模态，结果如图 4.2.2 和图 4.2.3 所示。从分析结果可以看出，主连杆最低阶固有频率为 250.60 Hz，平衡连杆最低阶固有频率为 556.86 Hz。

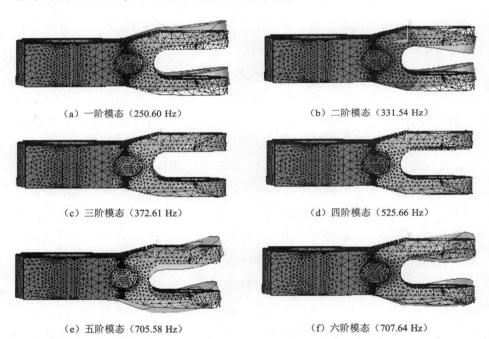

（a）一阶模态（250.60 Hz）　　　　　　（b）二阶模态（331.54 Hz）

（c）三阶模态（372.61 Hz）　　　　　　（d）四阶模态（525.66 Hz）

（e）五阶模态（705.58 Hz）　　　　　　（f）六阶模态（707.64 Hz）

图 4.2.2　主连杆模态分析结果

针对含柔性构件高速重载机械压力机传动机构动力学的研究，本章在试验样机上进行了压力机性能试验，对主滑块加速度信号进行了测试。试验的目的在于模拟不同曲轴旋转速度对传动机构的动力学特性影响，进一步通过试验数据与仿真结果的对比验证含柔性构件高速重载机械压力机传动机构刚柔耦合建模方法的正确性和有效性。

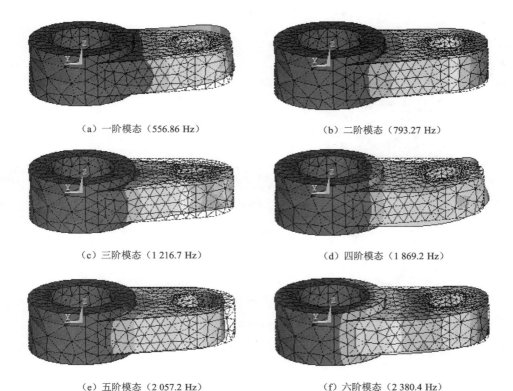

（a）一阶模态（556.86 Hz）　　　　　　（b）二阶模态（793.27 Hz）

（c）三阶模态（1 216.7 Hz）　　　　　　（d）四阶模态（1 869.2 Hz）

（e）五阶模态（2 057.2 Hz）　　　　　　（f）六阶模态（2 380.4 Hz）

图 4.2.3　平衡连杆模态分析结果

　　试验装置主要由机械系统和测试系统两部分组成，高速重载机械压力机试验系统如图 4.2.4 所示。从试验样机可以看出机械系统主要由电机、驱动轮、平衡滑块、平衡连杆、曲轴、飞轮、离合器、主连杆、主滑块九部分组成。电机通过驱动轮带动曲轴做旋转运动，从而带动连杆和滑块随之运动。测试系统主要由无线加速度传感器、无线接收器和数据采集分析系统组成。将无线加速度传感器安装在主滑块上，用于测量滑块垂直方向的加速度。数据采集分析系统运行在必创软件操作平台上，包含信号采集、滤波、A/D 转换和数据分析等功能，该测试系统可以测量主滑块运动过程中任意时刻的加速度值。为了保证测量精确度，试验前对加速度传感器进行了专门标定。

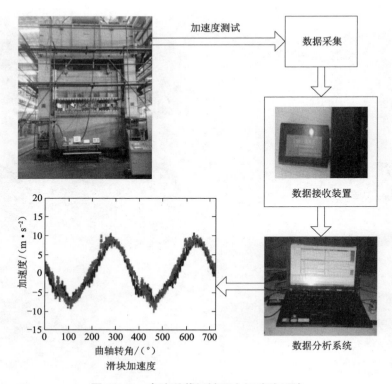

图 4.2.4　高速重载机械压力机试验系统

　　不同转速下高速重载机械压力机主滑块加速度仿真结果与试验结果对比如图 4.2.5 所示。从图中可知，滑块加速度随曲轴转速的增加而增大。此外，由于机构在运转过程中曲轴与连杆受到接触力和摩擦力影响，加速度产生峰值波动和非线性增长现象，且转速越高现象越明显。

　　当曲轴转速为 150 r/min 时，稳态状态下主滑块加速度随曲轴转角的变化曲线如图 4.2.6 所示，可以发现轴承与轴之间在运动过程中呈现不同的运动状态。由图可知，标记点 1 和 2 为连续接触状态，此时曲轴沿轴承内表面运动。当曲轴运动到标记点 3 所处位置时，加速度曲线明显变化，表明此时柔性体碰撞时产生弹性变形，呈冲击力反弹状态，直至死点位置（标记点 4）。最后两个标记点 5 和 6 表示保持轴承与轴之间处于连续接触状态。由计算结果可以看出，连续接触状态在整个运动周期中占据的时间最长。通过对比发现，主滑块加速度仿真计算结果与测试结果极其相似，从而验证了本章建模方法的有效性。

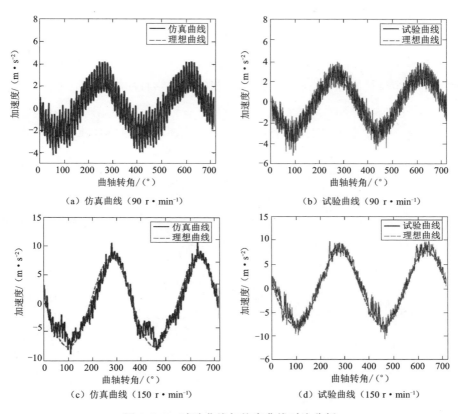

（a）仿真曲线（90 r·min⁻¹）　　　　（b）试验曲线（90 r·min⁻¹）

（c）仿真曲线（150 r·min⁻¹）　　　（d）试验曲线（150 r·min⁻¹）

图 4.2.5　试验曲线与仿真曲线对比分析

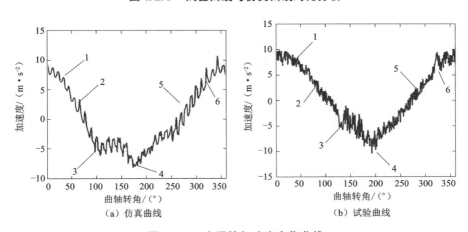

（a）仿真曲线　　　　　　　　　（b）试验曲线

图 4.2.6　主滑块加速度变化曲线

4.2.3 传动机构动力学仿真

对含柔性构件传动机构进行动力学仿真，以主滑块质心为参考点，动力学仿真计算参数与前文相同，比较含间隙传动机构与理想机构的动力学特性，进一步分析间隙对含柔性构件传动机构动力学特性的影响，仿真结果如图 4.2.7 所示。

由图 4.2.7（a）可知，含间隙机构与理想机构滑块位移曲线基本重合，间隙对传动机构位移曲线的影响较小。由图 4.2.7（c）可以看出，含间隙传动机构速度曲线与理想曲线之间存在一定偏差。通过局部放大图可以看出滑块速度曲线出现小的波动，但整体运动轨迹相近，说明转动副间隙对随动构件的速度影响较小。然而，由滑块加速度曲线可以清楚地发现，理想状态下的滑块加速度曲线很光滑。但引入间隙模型后，滑块加速度曲线出现了明

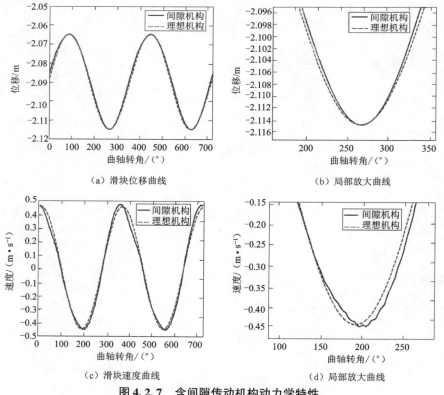

（a）滑块位移曲线　　　　　　　　（b）局部放大曲线

（c）滑块速度曲线　　　　　　　　（d）局部放大曲线

图 4.2.7　含间隙传动机构动力学特性

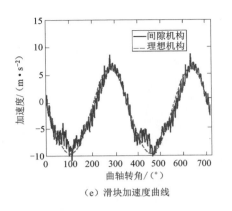

（e）滑块加速度曲线

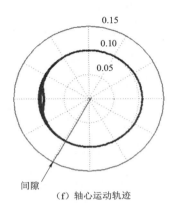

（f）轴心运动轨迹

图 4.2.7　含间隙传动机构动力学特性（续）

显的波动，并产生很多波峰，而且加速度幅值明显增大。同时，由脉冲式振荡曲线可以发现，轴承与轴之间产生高频碰撞现象，接触力也存在相同的特征。图 4.2.7（f）描述了含间隙转动副轴心运动轨迹，从图中能清楚地看到轴承与轴之间出现"自由运动"和"接触碰撞"现象。此外，通过轴心运动轨迹图可以发现在传动机构运动过程中，以接触变形运动为主，轴承与轴之间并不是通过不断的分离与碰撞传递能量，而是由转动副元素之间表面接触传递动力。由此可见，转动副间隙的存在对传动机构的运动精度产生较大的影响。

　　根据上述研究结果，并对比其他学者有关含间隙机构动力学特性的分析结果可知，转动副间隙和柔性构件对高速重载机械压力机传动机构的动力学特性影响很大。因此，有必要进一步研究相关参数对实际机构的动态特性影响，为高速重载机械压力机传动机构设计提供理论基础。

4.3　含柔性构件传动机构动态特性分析

4.3.1　构件柔性对传动机构动态特性影响

　　为了更加深入地研究构件柔性对高速重载机械压力机传动机构的影响，以主滑块质心为参考点，分别选取刚性连杆和柔性连杆进行动力学仿真分析。间隙尺寸为 0.10 mm，曲轴转速为 150 r/min，传动机构的动态特性仿真结果如图 4.3.1、图 4.3.2 和图 4.3.3 所示。

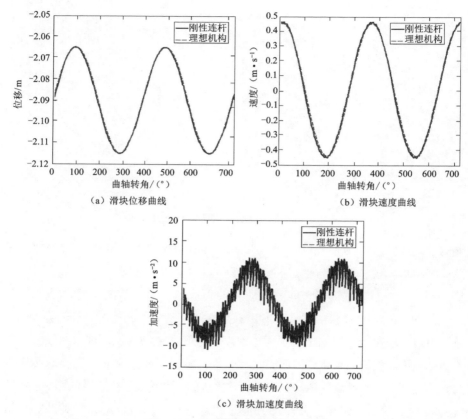

（a）滑块位移曲线　　　　　　　（b）滑块速度曲线

（c）滑块加速度曲线

图 4.3.1　刚性连杆机构动态特性

　　分析不同构件柔性时传动机构动态特性计算结果可知，构件柔性对滑块的位移和速度曲线影响较小，而滑块的加速度出现了明显的高频振动。通过对比加速度结果可以发现，含刚性构件机构振动幅值较大，说明柔性构件可以缓解间隙对传动机构带来的冲击强度。同时，由下死点动态精度计算结果还可以发现，刚性连杆机构的下死点动态精度波动幅值明显高于柔性连杆机构。因此，计算结果表明构件刚性越大，传动机构的动力学性能就越偏离理想机构，传动机构的运动精度和稳定性也越差。构件刚性的增大不仅对机构的动态特性有明显影响，还降低了传动机构的稳定性，甚至对传动机构会造成严重的破坏。其原因在于：当考虑构件为刚性时，接触力的增大加快了构件的磨损，从而导致传动机构振荡增大，传动机构的动态性能越偏离理想机构。

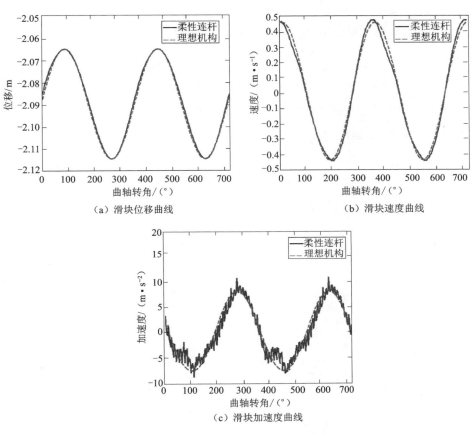

（a）滑块位移曲线　　　　　　　　　（b）滑块速度曲线

（c）滑块加速度曲线

图 4.3.2　柔性连杆机构动态特性

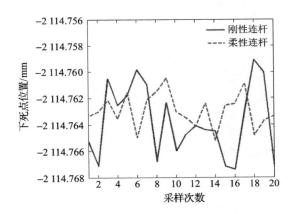

图 4.3.3　连杆柔性对传动机构下死点动态精度影响

4.3.2　间隙尺寸对传动机构动态特性影响

进一步研究间隙尺寸对传动机构动态特性的影响，以主滑块质心为参考点，并考虑到间隙尺寸的合理范围，分别取间隙尺寸为 0.05 mm，0.10 mm，0.15 mm，0.20 mm，曲轴转速为 150 r/min 进行动力学仿真分析，滑块运动曲线如图 4.3.4、图 4.3.5 所示。

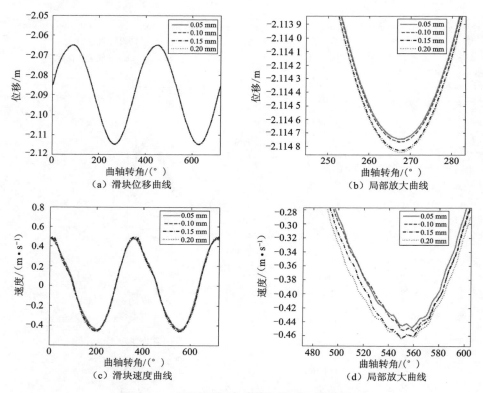

图 4.3.4　不同间隙尺寸下传动机构动态特性

滑块的位移曲线和速度曲线如图 4.3.4 所示，计算结果表明滑块位移曲线和速度曲线整体趋势基本相同。为了更清晰地观察间隙尺寸对传动机构动态特性的影响，截取局部放大图进行对比分析。由局部放大图可以发现，滑块位移和速度曲线随间隙尺寸的增大有增大的趋势，而且速度曲线存在振动现象。当间隙尺寸为 0.05 mm 时，滑块位移与理想值最大偏差为 0.033 8 mm，

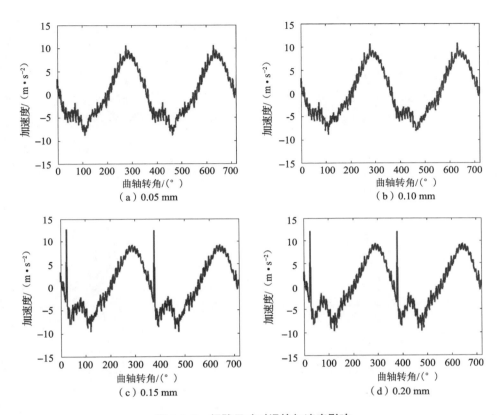

图 4.3.5　间隙尺寸对滑块加速度影响

最大速度偏差为 13.35 mm/s。当间隙尺寸增大到 0.20 mm 时，最大位移偏差为 0.131 8 mm，最大速度偏差为 28.46 mm/s。结果表明间隙尺寸越小，速度曲线越接近理想机构。

图 4.3.5 描述了间隙尺寸对滑块加速度曲线的影响。从图 4.3.5 中可以看出，不同间隙尺寸下滑块加速度均出现波动现象，但波动情况随间隙的变化有较大区别。当间隙尺寸为 0.05 mm 时，加速度峰值为 8.85 m/s²。当间隙尺寸达到 0.15 mm 时，加速度曲线波动明显增大，当间隙值为 0.20 mm 时加速度峰值为 9.51 m/s²。这种现象是由于随间隙尺寸增大，轴承与轴之间的接触力增大，而轴承变形也随之增大。因此在实际设计中，应该尽量减小间隙尺寸，以免机构的剧烈接触碰撞缩短高速重载机械压力机的使用寿命。

从图 4.3.6 可以发现间隙尺寸对滑块下死点位置影响较大。结果表明：在相同转速的条件下，下死点平均位置明显向下飘移，且下死点动态精度有所下降。当间隙尺寸为 0.05 mm 时，下死点平均位置为 − 2 114.747 mm，波动值为 0.003 3 mm。随着间隙尺寸增长到 0.20 mm 时，下死点平均位置为 − 2 114.841 mm，波动值为 0.005 3 mm。结果表明，间隙尺寸越大，对传动机构的下死点精度影响越大，传动机构的下死点动态精度越低。因此，对于位置输出精度有较高要求的机构，设计时必须考虑其转动副间隙对整体系统的影响。

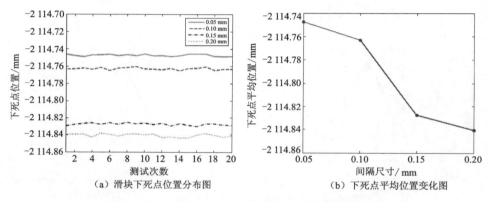

（a）滑块下死点位置分布图　　　　（b）下死点平均位置变化图

图 4.3.6　间隙尺寸对传动机构下死点动态精度影响

分析以上不同间隙尺寸对传动机构动态特性影响可知，间隙尺寸越大，对传动机构动态特性的影响也越大，传动机构的动态特性就越偏离理想机构。间隙尺寸的增加使高速重载运转机构的运动精度和稳定性剧烈下降，直到不能满足机构的使用要求而失效。因此转动副间隙尺寸是影响传动机构动态特性的一个重要因素。

4.3.3　曲轴转速对传动机构动态特性影响

进一步研究曲轴转速对传动机构动态特性的影响，以主滑块质心为参考点，考虑高速重载机械压力机的工作频率范围，分别取曲轴转速为 90 r/min，120 r/min，150 r/min，180 r/min，间隙尺寸为 0.10 mm 进行动力学仿真分析，传动机构的动态性能仿真结果如图 4.3.7 ~ 图 4.3.9 所示。

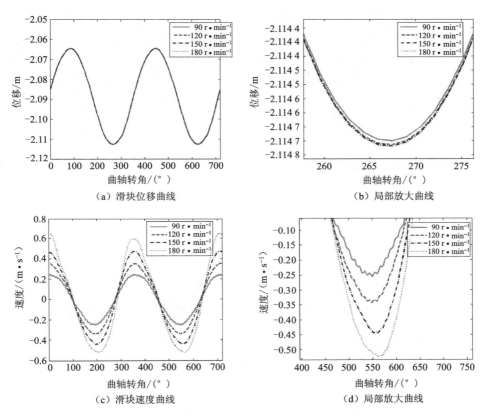

（a）滑块位移曲线　　　　　　　　（b）局部放大曲线

（c）滑块速度曲线　　　　　　　　（d）局部放大曲线

图 4.3.7　不同曲轴转速下传动机构动态特性

　　滑块的位移曲线和速度曲线如图 4.3.7 所示，计算结果表明滑块位移曲线整体趋势基本相同。为了更清晰地观察曲轴转速对传动机构动态特性的影响，截取局部放大图进行对比分析。由局部放大图可以发现，滑块位移曲线随转速的增加有增大的趋势，但相对间隙尺寸增大的影响来说，曲轴转速对滑块位移曲线的影响较小。而滑块速度曲线受曲轴转速变化影响非常明显，且振动现象始终存在。当曲轴转速为 90 r/min 时，滑块速度峰值为 0.249 3 m/s。当曲轴转速增加到 180 r/min 时，滑块速度峰值为 0.651 8 m/s。结果表明曲轴转速对滑块位移曲线影响较小，对滑块速度变化影响很大。

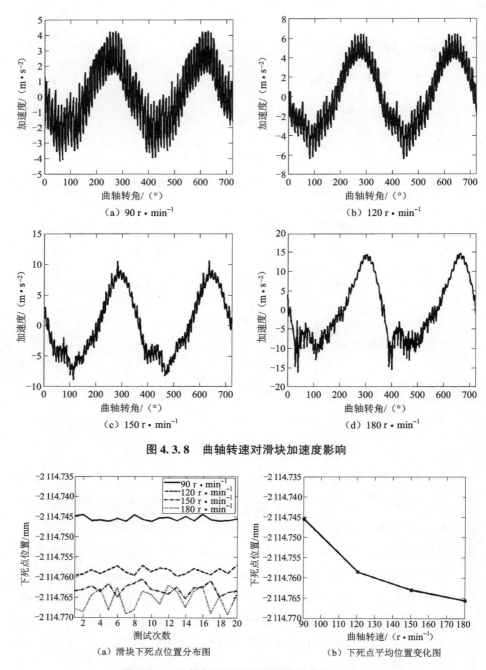

图 4.3.8　曲轴转速对滑块加速度影响

图 4.3.9　曲轴转速对机构下死点动态精度影响

图 4.3.8 描述了曲轴转速对滑块加速度曲线的影响。从图 4.3.8 中可以看出，不同曲轴转速下滑块加速度均出现波动现象，随曲轴转速的增加，滑块加速度峰值明显增大。当曲轴转速为 90 r/min 时，加速度峰值为 4.25 m/s^2，而曲轴转速为 180 r/min 时，加速度峰值达到了 15.02 m/s^2。此外，相对间隙尺寸的影响，曲轴转速对加速度波动的影响较大。其原因在于：连续接触运动是传动机构运动的主要阶段，转速的增加会引起轴承与轴之间碰撞速度的增加。

从图 4.3.9 可以得出曲轴转速对滑块下死点动态精度影响较大。结果表明：在相同间隙尺寸的情况下，下死点平均位置有向下飘移的趋势，而且下死点动态精度明显下降。当曲轴转速为 90 r/min 时，下死点平均位置为 −2 114.746 mm，波动值为 0.001 8 mm。随着曲轴转速增加到 180 r/min 时，下死点平均位置为 −2 114.766 mm，波动值为 0.007 4 mm。结果表明曲轴转速越大，传动机构的下死点动态精度越低。

分析以上不同曲轴转速时传动机构动态特性可知，转速越高，对含柔性构件传动机构性能影响越大，传动机构的稳定性越差，传动机构的运动精度也越低。因此，曲轴转速对高速转动的机构动态特性影响很大，对于高速重载机械压力机的研究，曲轴转速对传动机构的动态特性影响不可忽略。

4.4　含柔性构件传动机构动态特性定量分析

在机械系统中，每一构件的失效都会引起执行机构运动精度的下降，甚至机械系统的失效。运动精度可靠性是描述特定机构在规定时间内能够完成规定运动的能力，因此对机构运动精度及稳定性评估可通过建立输出特性与影响输出特性主要变量之间的映射关系来实现。

由上述研究可知，间隙的存在对传动机构的动态特性影响很大，使得机构的动力学性能与理想机构产生一定的偏差，降低了高速重载机械压力机传动机构的运动精度，甚至导致机构不能满足使用要求而失效。同时，转动副间隙的存在也降低了传动机构运行的稳定性。

柔性构件的存在使得机构的动力学特性改变，为了更有效地分析柔性构件对含间隙传动机构动态特性的影响，在接触碰撞条件下激发柔性体的高阶模态，降低机构运行的稳定性和精度。因此，本节定义了无量纲影响指标来评价柔性构件对高速重载机械压力机传动机构运动精度的影响，进而反映柔性构件对含间隙传动机构动态特性的影响。

4.4.1 无量纲影响指标

为了定量分析柔性构件对含间隙传动机构动态特性的影响，根据高速重载机械压力机传动机构实际工况的运动精度要求，本节针对含柔性构件传动机构提出无量纲影响指标，来分析柔性构件对含间隙机构动态特性的影响。无量纲影响指标取值范围为 0 ~ 1，值越接近 0，表示机构的运动精度和稳定性越好。

根据高速重载机械压力机的性能要求，主要考虑的输出特性包括滑块的位移误差和速度误差。定义输出误差大小为：

$$e_{\mathrm{w}} = |r - r_0| \tag{4.4.1}$$

式中，r_0 为理想输出量，即理想机构滑块的位移和速度；r 为滑块实际输出量，即仿真计算结果。

在时间 t 内，将 n 个输出误差进行离散化分析，其误差分析函数为：

$$C(i) = \begin{cases} 0 & e_{\mathrm{w}} \leqslant \eta \\ 1 & e_{\mathrm{w}} > \eta \end{cases} \quad (i = 1, 2, \cdots, n) \tag{4.4.2}$$

式中，η 为误差极限。

在此基础上建立单因素无量纲影响指标的评价函数：

$$w = \frac{1}{n} \sum_{i}^{n} C(i) \tag{4.4.3}$$

建立滑块的输出精度无量纲影响指标向量 $\boldsymbol{W} = [w_1, w_2, \cdots, w_n]^{\mathrm{T}}$，其中 w_i 为单因素无量纲影响指标。

考虑各输出特性对传动机构动态性能产生不同程度的影响，基于层次分析法原理，为各项指标设定权重值 u_j，从而建立综合无量纲影响指标：

$$R(x) = uw = \sum_{j=1}^{2} u_j w_j \tag{4.4.4}$$

本节主要针对机构滑块的位移和速度进行定量分析，建立判断矩阵如表 4.4.1 所示：

表 4.4.1 判断矩阵

	w_1	w_2
w_1	1	3
w_2	1/3	1

通过计算可得,该矩阵最大特征值为 2,矩阵完全满足一致性,并可求解矩阵相对应特征值的标准化特征向量。因此综合无量纲影响指标如下:

$$R(x) = 0.75w_1 + 0.25w_2 \qquad (4.4.5)$$

4.4.2 定量分析结果

4.4.2.1 构件柔性对无量纲影响指标计算结果

针对前几节中含柔性构件传动机构动力学特性仿真结果,结合实际工况下的运动精度要求,计算无量纲影响指标,构件柔性的单因素无量纲影响指标分析结果如表 4.4.2 所示,构件柔性的综合无量纲影响指标分析结果如表 4.4.3 所示。

表 4.4.2 单因素无量纲影响指标 (构件柔性)

构件柔性	位移/%	速度/%
柔性	2.153 1	6.459 3
刚性	6.698 6	11.483 3

表 4.4.3 综合无量纲影响指标 (构件柔性)

构件柔性	综合影响/%
柔性	3.229 7
刚性	7.894 7

由表 4.4.2 可知,不同构件柔性时,滑块位移与速度的单因素无量纲影响指标随构件柔性的增大而减小。当构件为柔性时,滑块位移的无量纲影响指标为 2.153 1%,滑块速度的无量纲影响指标为 6.459 3%。而当构件为刚性时,滑块位移的无量纲影响指标为 6.698 6%,滑块速度的无量纲影响指

标为 11.483 3%。结果表明，构件柔性越大，传动机构的运动精度越好，传动机构动态性能越接近理想机构。

由表 4.4.3 可知，不同构件柔性时，滑块位移与速度的综合无量纲影响指标随构件柔性的减小而增大。当构件从刚性变为柔性时，滑块的综合无量纲影响指标从 7.894 7% 减小到 3.229 7%。结果表明构件柔性越大，对传动机构稳定性影响越小，传动机构工作越稳定，运动精度越高。

4.4.2.2　间隙尺寸对无量纲影响指标计算结果

针对前几节中含柔性构件传动机构动力学特性仿真结果，结合实际工况下的运动精度要求，计算无量纲影响指标，间隙尺寸的单因素无量纲影响指标分析结果如表 4.4.4 所示，间隙尺寸的综合无量纲影响指标分析结果如表 4.4.5 所示。

表 4.4.4　单因素无量纲影响指标（间隙尺寸）

间隙尺寸/mm	位移/%	速度/%
0.05	2.153 1	6.459 3
0.10	6.698 6	11.483 3
0.15	12.679 4	15.789 5
0.20	17.224 9	17.464 1

表 4.4.5　综合无量纲影响指标（间隙尺寸）

间隙尺寸/mm	综合影响/%
0.05	3.229 7
0.10	7.894 7
0.15	13.456 9
0.20	17.404 3

由表 4.4.4 可知，不同间隙尺寸时，滑块位移与速度的单因素无量纲影响指标随间隙尺寸的增大而增大。当间隙尺寸从 0.05 mm 增大到 0.20 mm 时，滑块位移的无量纲影响指标从 2.153 1% 增大到 17.224 9%，滑块速度

的无量纲影响指标从 6.459 3% 增大到 17.464 1%。结果表明间隙越大，对传动机构的运动精度和稳定性影响越大，传动机构运动越偏离理想机构。

由表 4.4.5 可知，不同间隙尺寸时，滑块位移与速度的综合无量纲影响指标随间隙尺寸的增大而增大。当间隙尺寸从 0.05 mm 增大到 0.20 mm 时，滑块的综合无量纲影响指标从 3.229 7% 增大到 17.404 3%。结果表明间隙尺寸越大，对传动机构动态特性影响越大，传动机构工作越不稳定，运动精度越差。

4.4.2.3　曲轴转速对无量纲影响指标计算结果

针对前几节中含柔性构件传动机构动力学特性仿真结果，结合实际工况下的运动精度要求，计算无量纲影响指标，曲轴转速的单因素无量纲影响指标分析结果如表 4.4.6 所示，曲轴转速的综合无量纲影响指标分析结果如表 4.4.7 所示。

表 4.4.6　单因素无量纲影响指标（曲轴转速）

曲轴转速/$(r \cdot min^{-1})$	位移/%	速度/%
90	1.913 9	8.134 1
120	4.306 2	10.765 6
150	9.808 6	14.832 5
180	11.961 7	21.770 3

表 4.4.7　综合无量纲影响指标（曲轴转速）

曲轴转速/$(r \cdot min^{-1})$	综合影响/%
90	3.468 9
120	5.921 1
150	11.064 6
180	14.413 9

由表 4.4.6 可知，不同曲轴转速时，滑块位移与速度的单因素无量纲影响指标随曲轴转速的增高而增大。当曲轴转速从 90 r/min 增大到 180 r/min 时，滑块位移的无量纲影响指标从 1.913 9% 增大到 11.961 7%，滑块速度的无量纲影响指标从 8.134 1% 增大到 21.770 3%。结果表明曲轴转速越高，

对传动机构的运动精度和稳定性影响越大，传动机构运动抖动幅度越大。

由表 4.4.7 可知，不同曲轴转速时，滑块位移与速度的综合无量纲影响指标随曲轴转速的增高而增大。当曲轴转速从 90 r/min 增大到 180 r/min 时，滑块的综合无量纲影响指标从 3.468 9% 增大到 14.413 9%。结果表明曲轴转速越低，传动机构整体运动越稳定，传动机构动态性能越接近于理想机构，运动误差越小。

4.5　本章小结

本章将柔性构件引入含间隙高速重载机械压力机传动机构动力学特性分析模型中，建立了传动机构的刚柔耦合分析模型，并通过试验验证了该模型的正确性和有效性。研究了柔性构件对高速重载机械压力机传动机构动态特性的影响，并与传统刚性体模型进行了比较，指出了含柔性体模型的优点。进一步，分析了柔性构件对传动机构动态特性的影响，并定义了分析含柔性构件传动机构动态特性的无量纲影响指标，定量分析了不同构件柔性、间隙尺寸和曲轴转速对含柔性构件传动机构动态特性的影响。结果表明：① 含间隙转动副元素的相对运动以连续接触变形为主，轴承与轴之间依靠弹性变形产生的连续接触力进行动力传递。柔性构件可以缓解间隙对传动机构带来的振动与冲击，提高传动机构的运动精度和稳定性；② 间隙尺寸越小，含柔性构件传动机构的综合无量纲影响指标越低，传动机构的稳定性越高，传动机构的动态性能越接近于理想机构；③ 曲轴转速对传动机构动态特性影响很大，曲轴转速越高，传动机构的综合无量纲影响指标越大，传动机构的运动精度和稳定性越低。

5 高速重载机械压力机支承轴承动力学特性研究

曲轴转动的稳定性对高速重载机械压力机加工精度会产生决定性的影响，曲轴支承轴承的动力学特性是评价曲轴运动稳定性的重要指标。由于高速重载机械压力机支承轴承工作环境较为复杂，一方面较高的负载会引起支承轴承弹性变形，另一方面支承轴承油膜的温度场分布在高速黏性剪切力作用下也会发生改变，从而引起支承轴承的热变形，影响传动机构运动的稳定性。为了能够深入研究高速重载机械压力机支承轴承的动力学特性，本章以高速重载机械压力机曲轴支承轴承为研究对象，基于流体动力学理论和多相流理论，并考虑气穴效应的影响，建立了支承轴承的多相流计算模型[180-181]。同时，将仿真结果与现有文献中的试验结果进行对比，验证了该建模方法的有效性。进一步，在支承轴承结构设计的基础上，综合考虑流体润滑性能、热效应和热弹性变形的影响，建立了支承轴承的流、热、固耦合分析模型。在此基础上，针对高速重载机械压力机支承轴承动力学特性进行了大量的动力学仿真计算，详细分析了油槽结构参数、偏心率、曲轴转速、油膜厚度对轴承动力学性能的影响。

5.1 高速重载机械压力机支承轴承力学性能的基本方程

选取高速重载机械压力机支承轴承（滑动轴承）为研究对象，支承轴承系统示意图如图 5.1.1 所示。其中，X、Y、Z 分别为轴承水平方向、竖直方向和宽度方向。外力 F 施加在轴上，轴以角速度 ω 沿轴向旋转，从而可使轴与轴承之间油膜产生压力以抵消施加在轴上的外载荷[182]。以往对该模型的分析是假设油膜内部全部充满油液来进行计算，忽略了气穴效应的影响，从而导致其动力学性能参数计算结果误差较大[183-184]。由于本章研究的支承轴承在高速重载工况下工作，同一般支承轴承相比更容易发生变形和接触，因此需要建立合理的模型进行其性能研究。

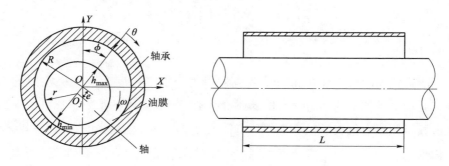

图 5.1.1   支承轴承示意图

5.1.1   支承轴承流体润滑方程

流体介质运动一般可通过以下两种不同的方法进行描述。一种是拉格朗日方法，另一种是欧拉方法。拉格朗日方法的描述着眼于流体质点的运动，主要分析某质点不同时刻的运动轨迹和压力、速度、密度等。欧拉方法则着眼于固定不动的空间中指定位置的参量状态，主要分析流体经过指定位置时质点的瞬时压力、速度、密度等。固体物质由于其原子、分子和离子直接连接紧密，可以抵抗剪切力保持形状不好任意改变。进而，同一固体中的各质量点之间存在一定的位置限制关系，拉格朗日方法描述跟踪各质量点的运动适用于固体物质的运动和变形。流体物质由于仅存在很小的黏性作用力而无法抵抗剪切力的作用，在剪切力作用下很容易发生连续的变形，使得流体在没有约束的情况下无固定形状，内部的流体微团也没有固定的位置关系。因此，由于流体在空间中分布相对均匀连续，采用欧拉方法进行描述更为合适。

在支承轴承运动过程中，润滑油通过进油口进入油腔，然后在轴承与轴之间的间隙内流动，轴承的润滑特征主要取决于上述黏性流动的过程。根据流体润滑理论，假设支承轴承油腔中的流体不可压缩，黏性流体的运动应满足 Navier – Stokes 方程和连续性方程[185]。Navier – Stokes 方程为：

$$\begin{cases} \dfrac{\mathrm{d}u}{\mathrm{d}t} = X - \dfrac{1}{\rho}\dfrac{\partial p}{\partial x} + \mu\left(\dfrac{\partial^2 u}{\partial x^2} + \dfrac{\partial^2 u}{\partial y^2} + \dfrac{\partial^2 u}{\partial z^2}\right) \\[3mm] \dfrac{\mathrm{d}v}{\mathrm{d}t} = Y - \dfrac{1}{\rho}\dfrac{\partial p}{\partial y} + \mu\left(\dfrac{\partial^2 v}{\partial x^2} + \dfrac{\partial^2 v}{\partial y^2} + \dfrac{\partial^2 v}{\partial z^2}\right) \\[3mm] \dfrac{\mathrm{d}w}{\mathrm{d}t} = Z - \dfrac{1}{\rho}\dfrac{\partial p}{\partial z} + \mu\left(\dfrac{\partial^2 w}{\partial x^2} + \dfrac{\partial^2 w}{\partial y^2} + \dfrac{\partial^2 w}{\partial z^2}\right) \end{cases} \quad (5.1.1)$$

式中，u、v 和 w 分别表示流体在 x、y 和 z 方向上的速度分量；p 为油膜压力分布函数；ρ 为润滑油密度；μ 为润滑油的运动黏度；t 为时间。

连续性方程表达式为：

$$\frac{\partial u}{\partial x} + \frac{\partial v}{\partial y} + \frac{\partial w}{\partial z} = 0 \quad (5.1.2)$$

由于高速重载机械压力机支承轴承油膜厚度远远小于其他方向上的长度，因此根据流体润滑轴承特点，可提出以下假设：

（1）油腔内部为层流状态；

（2）惯性力与黏性剪切力相比很小，润滑油的惯性力忽略不计；

（3）油膜厚度很薄，假设油膜压力沿厚度方向不变；

（4）润滑油与固体接触表面无相对滑动；

（5）轴承固定，轴颈运动的线速度为常数。

根据上述假设条件，式（5.1.1）可改写为：

$$\frac{\partial}{\partial x}\left(\frac{h^3}{\mu}\frac{\partial p}{\partial x}\right) + \frac{\partial}{\partial z}\left(\frac{h^3}{\mu}\frac{\partial p}{\partial z}\right) = 6U\frac{\partial h}{\partial \theta} + 12\frac{\partial h}{\partial t} \quad (5.1.3)$$

本章采用有限元法对雷诺方程进行微分求解。由于进行支承轴承的稳态分析，不考虑支承轴承与轴间隙中流体的扩散速度和挤压效应[186-187]，表达式（5.1.3）可简化为：

$$\frac{\partial}{\partial x}\left(\frac{h^3}{\mu}\frac{\partial p}{\partial x}\right) + \frac{\partial}{\partial z}\left(\frac{h^3}{\mu}\frac{\partial p}{\partial z}\right) = 6U\frac{\partial h}{\partial \theta} \quad (5.1.4)$$

根据变分原理[188]，式（5.1.4）可改写为：

$$L(p) = \frac{\partial}{\partial x}\left(h^3\frac{\partial p}{\partial x}\right) + \frac{\partial}{\partial z}\left(h^3\frac{\partial p}{\partial z}\right) - 6\mu U\frac{\partial h}{\partial x} = 0 \quad (5.1.5)$$

式（5.1.5）的等价泛函形式表达式为：

$$I(p) = \iint\limits_{\Omega} F(p)\,\mathrm{d}\Omega + \int_{\Gamma} f(p)\,\mathrm{d}s \qquad (5.1.6)$$

式中，第一项表示求解域内的面积分；第二项表示边界上的线积分。

将式（5.1.5）代入式（5.1.6）得：

$$I(p) = \iint\limits_{\Omega} \left\{ h^3 \left[\left(\frac{\partial p}{\partial x}\right)^2 + \left(\frac{\partial p}{\partial z}\right)^2 \right] - 12\mu U \frac{\partial p}{\partial x} h \right\} dxdz \qquad (5.1.7)$$

可以通过插值函数 $N_i(x,y)$ 将压力函数用各节点值表示，其表达式为：

$$p(x,y) = \sum_i N_i(x,y)\, p_i^{(e)} = [N][p]^e \qquad (5.1.8)$$

将式（5.1.8）代入式（5.1.7）中，可得：

$$I(p) = \sum_{e=1}^{m} I_e(p) = \sum_{e=1}^{m} \left\{ h^3 \left[\left(\frac{\partial p}{\partial x}\right)^2 + \left(\frac{\partial p}{\partial z}\right)^2 \right] - 12\mu U \frac{\partial p}{\partial x} h \right\} dxdz$$

$$(5.1.9)$$

式中，m 表示单元总数。

根据泛函极小值条件，每个单元都必须满足：

$$\frac{\partial I}{\partial p_i} = 0, i = 1,2,\cdots,n \qquad (5.1.10)$$

式中，n 表示节点总数。

流体润滑问题中的单元流度矩阵方程表达式为：

$$\left[\frac{\partial I_e(p)}{\partial p} \right]^e = [K]^e [p]^e - [F]^e = 0 \qquad (5.1.11)$$

将式（5.1.11）移项得：

$$[K]^e [p]^e = [F]^e \qquad (5.1.12)$$

式中，$[K]^e$ 表示单元刚度矩阵。

将每个节点的影响区域内单元刚度矩阵相对应元素叠加，式（5.1.12）可改写成：

$$[K][p] = [F] \qquad (5.1.13)$$

式中，$[K]$ 为刚度矩阵；$[p]$ 为节点压力矩阵；$[F]$ 为流量列矩阵。

5.1.2　支承轴承油膜厚度方程

油膜厚度是评价轴承动力学性能的一个重要参数，油膜厚度的大小与轴承最大压力、承载能力、油膜温度等都密切相关。支承轴承油膜区的油膜厚度方程为[189]：

$$h = c + e\cos(\phi - \theta) \tag{5.1.14}$$

式中，c 为轴承间隙尺寸；e 表示支承轴承的偏心距；ϕ 为无量纲周角坐标；θ 为偏位角。

5.1.3　支承轴承承载能力方程

轴承承载能力是指在一定的油膜厚度下，油膜能抵抗支承件表面外载荷的大小，而油膜的存在可使轴承与轴表面保持分离。支承轴承的承载能力表达式为[190]：

$$W_x = \iint p\cos\varphi \mathrm{d}x\mathrm{d}z \tag{5.1.15}$$

$$W_y = \iint p\sin\varphi \mathrm{d}x\mathrm{d}z \tag{5.1.16}$$

$$W = \sqrt{W_x^2 + W_y^2} \tag{5.1.17}$$

式中，W_x 为沿 x 方向的承载能力；W_y 为沿 y 方向的承载能力；W 表示沿径向的承载能力。

5.1.4　支承轴承摩擦力方程

润滑油膜对支承轴承的摩擦力表达式为[191]：

$$F_f = \iint\limits_{A_f} \tau \mathrm{d}A = \iint\limits_{A_f} \mu \frac{v}{h} \mathrm{d}A \tag{5.1.18}$$

式中，A_f 为封油边面积；v 为滑动速度。

其中，摩擦系数为：

$$\mu = \frac{F_f}{W} \tag{5.1.19}$$

5.2 含气穴效应的高速重载机械压力机支承轴承多相流模型

5.2.1 计算流体动力学概述

计算流体动力学（Computational Fluid Dynamic，CFD）是一种利用计算机求解流体流动、传热及相关传递现象的系统分析方法[192]。该方法以流体力学和数值离散法为理论基础，研究流体流动（或静止）对含热量传递以及热传导等相关物理现象的影响。任何流体流动必须满足物理守恒定律，包括质量守恒定律、动量守恒定律和能量守恒定律[193]。然而，控制方程可以作为上述守恒定律的数学表达形式。

对于流体流动问题的研究，传统方法有两种：一种是理论的分析流体力学方法，另一种是试验流体力学方法[194]。计算流体力学方法与这两种传统方法之间存在着密切的内在联系，这三种方法并非完全独立。高速重载机械压力机支承轴承内部流场数值计算是以流体润滑理论和计算流体动力学为理论基础，对支承轴承润滑系统参数与动力学特性之间的相应关系进行计算和分析。

5.2.2 计算流体动力学的控制方程

5.2.2.1 质量守恒方程

在进行计算流体动力学分析时，首先将流体区域划分为有限个流体微团，再对每一个微团进行分析[195]，将润滑油视为不可压缩流体，流场中各流体微团均须满足连续性条件，即连续方程：

$$\frac{\partial \rho}{\partial t} + \frac{\partial(\rho u)}{\partial x} + \frac{\partial(\rho v)}{\partial y} + \frac{\partial(\rho w)}{\partial z} = 0 \tag{5.2.1}$$

引入矢量符号，式（5.2.1）表达式为：

$$\frac{\partial \rho}{\partial t} + \nabla \cdot (\rho \boldsymbol{v}) = 0 \tag{5.2.2}$$

式中，ρ 为润滑油密度；t 为时间；∇ 为哈密顿算子；u、v 和 w 为流体运动速度矢量（$\boldsymbol{v}$）在 x、y 和 z 方向的分量。

式（5.2.1）和式（5.2.2）表示质量方程的流体为瞬态可压缩流体，由于本章所研究的油膜区域流体流动状态处于稳态均质不可压缩，则密度 ρ 为常数，故质量方程表达式可改写成：

$$\frac{\partial u}{\partial x} + \frac{\partial v}{\partial y} + \frac{\partial w}{\partial z} = 0 \tag{5.2.3}$$

5.2.2.2 动量守恒方程

除了满足质量守恒方程之外，润滑油运动同时也应该满足动量守恒方程[196-197]。动量守恒定律实际上也是牛顿第二定律，根据该定律可推导出 x、y 和 z 三个方向的动量守恒方程表达式为：

$$\frac{\partial(\rho u)}{\partial t} + \frac{\partial(\rho uu)}{\partial x} + \frac{\partial(\rho vu)}{\partial y} + \frac{\partial(\rho wu)}{\partial z} = \rho f_x - \frac{\partial p}{\partial x} + \frac{\partial}{\partial z}\left[\mu\left(\frac{\partial w}{\partial x} + \frac{\partial u}{\partial z}\right)\right] +$$

$$\frac{\partial}{\partial x}\left[2\mu\frac{\partial u}{\partial x} + \lambda\left(\frac{\partial u}{\partial x} + \frac{\partial v}{\partial y} + \frac{\partial w}{\partial z}\right)\right] + \frac{\partial}{\partial y}\left[\mu\left(\frac{\partial u}{\partial y} + \frac{\partial v}{\partial x}\right)\right] \tag{5.2.4}$$

$$\frac{\partial(\rho v)}{\partial t} + \frac{\partial(\rho uv)}{\partial x} + \frac{\partial(\rho vv)}{\partial y} + \frac{\partial(\rho wv)}{\partial z} = \rho f_y - \frac{\partial p}{\partial y} + \frac{\partial}{\partial x}\left[\mu\left(\frac{\partial u}{\partial y} + \frac{\partial v}{\partial x}\right)\right] +$$

$$\frac{\partial}{\partial y}\left[2\mu\frac{\partial v}{\partial y} + \lambda\left(\frac{\partial u}{\partial x} + \frac{\partial v}{\partial y} + \frac{\partial w}{\partial z}\right)\right] + \frac{\partial}{\partial z}\left[\mu\left(\frac{\partial v}{\partial z} + \frac{\partial w}{\partial y}\right)\right] \tag{5.2.5}$$

$$\frac{\partial(\rho w)}{\partial t} + \frac{\partial(\rho uw)}{\partial x} + \frac{\partial(\rho vw)}{\partial y} + \frac{\partial(\rho ww)}{\partial z} = \rho f_z - \frac{\partial p}{\partial z} + \frac{\partial}{\partial y}\left[\mu\left(\frac{\partial v}{\partial z} + \frac{\partial w}{\partial y}\right)\right] +$$

$$\frac{\partial}{\partial z}\left[2\mu\frac{\partial w}{\partial z} + \lambda\left(\frac{\partial u}{\partial x} + \frac{\partial v}{\partial y} + \frac{\partial w}{\partial z}\right)\right] + \frac{\partial}{\partial x}\left[\mu\left(\frac{\partial w}{\partial x} + \frac{\partial u}{\partial z}\right)\right] \tag{5.2.6}$$

当黏度为常数时，不随坐标位置而变化条件下的矢量形式可以写成：

$$\frac{\partial(\rho u)}{\partial t} = \rho F + \nabla p + \frac{\mu}{3}\nabla(\nabla \cdot \boldsymbol{v}) + \mu \nabla^2 u \tag{5.2.7}$$

由于流体区域内为不可压缩流体，其密度和黏性系数为常数时，动量方程表达式为：

$$\frac{\partial(\rho u)}{\partial t} + \frac{\partial(\rho uu)}{\partial x} + \frac{\partial(\rho vu)}{\partial y} + \frac{\partial(\rho wu)}{\partial z} = \frac{\partial}{\partial x}\left(\mu\frac{\partial u}{\partial x}\right) +$$

$$\frac{\partial}{\partial y}\left(\mu\frac{\partial u}{\partial y}\right) + \frac{\partial}{\partial z}\left(\mu\frac{\partial u}{\partial z}\right) - \frac{\partial p}{\partial x} \tag{5.2.8}$$

$$\frac{\partial(\rho v)}{\partial t} + \frac{\partial(\rho uv)}{\partial x} + \frac{\partial(\rho vv)}{\partial y} + \frac{\partial(\rho wv)}{\partial z} =$$

$$\frac{\partial}{\partial x}\left(\mu \frac{\partial v}{\partial x}\right) + \frac{\partial}{\partial y}\left(\mu \frac{\partial v}{\partial y}\right) + \frac{\partial}{\partial z}\left(\mu \frac{\partial v}{\partial z}\right) - \frac{\partial p}{\partial y} \tag{5.2.9}$$

$$\frac{\partial(\rho w)}{\partial t} + \frac{\partial(\rho uw)}{\partial x} + \frac{\partial(\rho vw)}{\partial y} + \frac{\partial(\rho ww)}{\partial z} =$$

$$\frac{\partial}{\partial x}\left(\mu \frac{\partial w}{\partial x}\right) + \frac{\partial}{\partial y}\left(\mu \frac{\partial w}{\partial y}\right) + \frac{\partial}{\partial z}\left(\mu \frac{\partial w}{\partial z}\right) - \frac{\partial p}{\partial z} \tag{5.2.10}$$

式中，F 为微元体的质量力；p 为流体微元上的压力；μ 为黏度系数；λ 为第二分子黏度（$\lambda = -2/3$）。

5.2.2.3 能量守恒方程

假设润滑油的动力黏度沿油膜厚度方向不变，且润滑油密度与温度无关，则热流体动压润滑除了满足以上两个方程之外，同时也应该满足能量守恒方程[198]，能量守恒方程与轴承热传导方程如下：

$$\rho c_v \left(u \frac{\partial T}{\partial x} + v \frac{\partial T}{\partial y} + w \frac{\partial T}{\partial z}\right) = \frac{\partial}{\partial y}\left(k \frac{\partial T}{\partial y}\right) + \mu \left[\left(\frac{\partial u}{\partial y}\right)^2 + \left(\frac{\partial w}{\partial y}\right)^2\right] \tag{5.2.11}$$

$$\frac{\partial^2 T_B}{\partial r^2} + \frac{1}{r} \frac{\partial T_B}{\partial r} + \frac{1}{r^2} \frac{\partial^2 T_B}{\partial \theta^2} + \frac{\partial^2 T_B}{\partial z^2} = 0 \tag{5.2.12}$$

式中，ρ 为油膜密度；k 为油膜导热系数；u、v 和 w 分别为油膜 x、y、z 方向的速度分量；r 为径向坐标；T 为油膜温度。边界条件为 $T\mid_{\theta=0} = T_0$，$T\mid_{z=0} = T_0$，$k \frac{\partial T}{\partial z}\mid_{z=h} = k_B \frac{\partial T_B}{\partial z_B}\mid_{z_B=0}$，$T\mid_{z=h} = T_B\mid_{z_B=0}$，其中 θ 为周向转角；k_B 为轴承导热系数；T_B 为轴承的温度；z_B 为轴承的厚度。

由于本章研究的流体为黏性流体，即该状态方程对理想气体有：

$$p = \rho R T \tag{5.2.13}$$

式中，R 为理想气体常数。

5.2.3 支承轴承多相流混合模型

5.2.3.1 气穴方程

在支承轴承运转过程中，润滑油的油膜会产生两个区域（收敛区和发散区）。收敛区内充满在一定压缩作用下产生正压力的润滑油，而发散区域内的油膜压力为非正值，这将导致该区域油膜破裂，从而发生气穴现象。由文献［199］测试试验结果可以看出，当润滑油流经发散区域时，由于气穴现象的存在润滑油不能连续流动，从而该区域成为液体与气体共存的两相流状态。当油压为饱和蒸气压力值时，两相润滑油的相互转化达到动态平衡，各相成分值处于稳定值，气穴方程表达式如下：

$$\frac{\partial}{\partial t}(\rho_m f) + \nabla(\rho_m \boldsymbol{v}_u f) = -\nabla(\gamma \nabla f) + R_e - R_c \qquad (5.2.14)$$

其中，

$$R_e = C_e \frac{V_{ch}}{\sigma} \rho_1 \rho_v \sqrt{\frac{2(p_{sat} - p)}{3\rho_1}}(1 - f) \qquad (5.2.15)$$

$$R_c = C_c \frac{V_{ch}}{\sigma} \rho_1 \rho_v \sqrt{\frac{2(p - p_{sat})}{3\rho_1}} f \qquad (5.2.16)$$

式中，ρ_m 为润滑油混合物平均密度；$\boldsymbol{v}_v$ 为气体速度矢量；f 是气相质量分数；γ 是交换系数；R_e 和 R_c 分别为气穴的生产率和凝聚率。

5.2.3.2 气液多相流模型

气穴现象的存在会破坏油膜的连续性，常用的雷诺边界条件适用于油膜破裂边界条件，但对油膜再形成状态的计算却无法准确求解[200-201]。因此，有必要对油膜破裂边界条件进行分析，这将有助于提高计算的准确性。

针对上述存在的问题，国内外学者对此做了大量的研究工作[202-203]。破裂边界条件主要包括 Sommerfeld、Half – Sommerfeld 和 Reynold 三种形式，如图 5.2.1 所示。不同的边界条件会产生不同的压力轮廓曲线，为了准确模拟气穴区域的流场状态，本节对以下三种边界条件进行详细的分析。如图 5.2.1（a）所示，Sommerfeld 模型假设流体可以承受很高的张力，即允许其值低于周围环境压力，甚至负压。有相关试验验证了某些流体在特定条件下可以满足上述情况，但对于本章研究的支承轴承与实际情况不符。由于润滑油的流动不仅会产生很大的剪应力，油膜分子还可能会更容易形成低于相邻油膜的油压，从而导致油膜的破裂。而 Sommerfeld 模型中周向压力分布是反对称周期性连续函数，忽略了油膜在发散区内足够大的负压条件下发散破裂的现象，与实际情况不符。Dowson 等[204]对 Sommerfeld 模型做了相应的改进。由图5.2.1（b）可以看出，Half-Sommerfeld 模型中假设当油膜发散区内低于破裂压力时，其发散区内压力全部为零，相对 Sommerfeld 模型更符合实际情况。但 Half-Sommerfeld 模型忽略了当油膜再次形成时，收敛区与发散区的过渡处出现流体流动的不连续性，此外也不满足质量守恒定律。在此基础上，Mahdavi 等[205] 提出的 Reynold 模型假设全油膜内不允许低于气穴压力的存在，同时在气穴区内压力保持不变，满足流体流动的连续性。相对于其他两种边界条件，Reynold 边界条件准确性较高，也更为接近于实际情况。

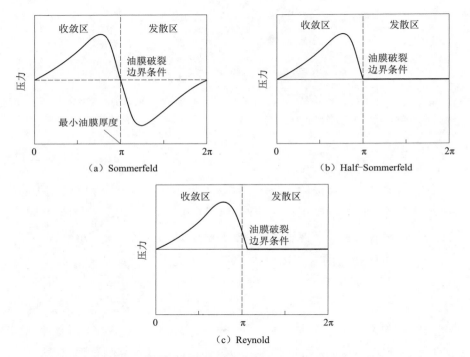

图 5.2.1　滑动轴承不同油膜破裂边界条件的压力分布

　　针对支承轴承负压区的气液两相流混合存在现象，本节基于 Mixture 模型建立了高速重载机械压力机曲轴支承轴承的三维 CFD 两相流计算模型。Mixture 模型适用于流体中混合相或分散相的体积分数超过10%的情况。支承轴承的汽化区域内大部分气体体积分数都超过10%，甚至部分气穴体积分数接近100%，因此采用基于 Mixture 建立的两相流模型计算更符合实际情况[206-207]。两相流混合模型的求解必须在混合相的连续性方程、质量守恒方程以及动量守恒方程下进行。气液多相流模型控制方程的表达式如下：

$$
\begin{cases}
\rho_m \nabla \cdot (v_m) = \dot{m} \\
\rho_m \dfrac{\partial v_m}{\partial t} + \nabla \cdot \left(\sum_k \rho_k \varphi_k v_k v_k \right) = -\nabla p + \rho_m g + F + \nabla \cdot \left[\mu_m (\nabla v_m + v_m^{\mathrm{T}}) \right] \\
\rho_v \dfrac{\partial \varphi_2}{\partial t} + \rho_v \nabla \cdot (\varphi_v v_m) = -\nabla \cdot (\varphi_v \rho_v v_{\mathrm{dr},v}) \\
v_{\mathrm{dr},v} = v_k - v_m
\end{cases}
$$

$$(5.2.17)$$

式中，k 和 m 下标分别表示第 k 相和混合物平均值；$\dot{m}$ 为两相直接的质量传递；μ_m 为混合黏度；φ_k 为体积分数；v_m 为混合体平均速度；$v_{\mathrm{dr},v}$ 是第 k 相的漂移速度。

两相流模型的计算边界条件为：

$$
\begin{cases}
p \big|_{z=0} = p \big|_{z=L} = p_a \\
p \big|_{\mathrm{inlet}} = p_{\mathrm{op}} \\
p \big|_{p < p_v} = p_v
\end{cases}
$$

$$(5.2.18)$$

式中，p_a 为环境压力；p_v 为汽化压力；下标 op 表示供油区压力。

5.2.4　计算方法及有效性验证

（1）流场计算方法。

流场数值计算的基本过程是在空间上采用有限体积方法或其他类似方法将计算域离散成很小的体积单元，在每个单位体积单元上对离散后的控制方程进行求解。由此可见，流场计算方法的本质是对离散后的控制方程组进行求解。对本章涉及的多相流场离散方法有很多，包括半隐式连接压力方程——SIMPLE、调和一致的 SIMPLE 算法——SIMPLEC 和压力的隐式算子分割算法——PISO 等。SIMPLE 和 SIMPLEC 是两步算法，即一步预测、一步修正，而 PISO 算法增加了一个修正步，包括一步预测和两步修正，在完成第一步修正得到的流场参数后寻求二次改进值，目的使它们更好地同时满足动量方程和连续性方程。PISO 算法由于采用了预测—修正—再修正的三步，加快了单步迭代中的收敛速率。PISO 算法在求解瞬态问题时具有明显优势，因此被本章采用，其计算流程图如图 5.2.2 所示。压力项离散采用 PRESTO! 离散格式，对流项采用 QUICK 离散格式，而动量方程和耗散采用二阶迎风格式。此外，本章采用有限体积法对流场的控制方程进行离散化处理，并使用耦合算法对流场进行计算。计算过程采用双精度模式，计算模型采用适合低雷诺数的 Laminar 模型，近壁面层流计算采用滑移网格边界条件进行处理。同时，对流场的计算还使用了油膜运动规律的求解模型、气液两相流 Mixture 模型、Singhal – et – al 气穴求解模型等[208]。此外，将气液相变和热量通过源项的形式添加到流体动力学控制方程中，耦合算法求解流程如图 5.2.3 所示。

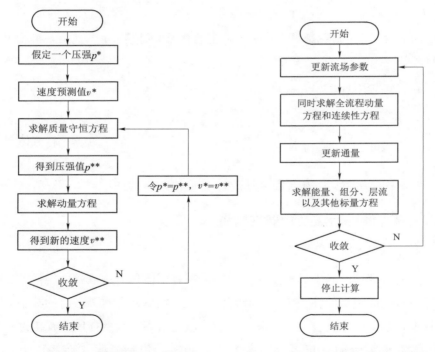

图 5.2.2　PISO 算法流程图　　　图 5.2.3　耦合算法求解流程图

（2）计算收敛条件。

应用有限体积法对控制方程进行离散后，对于任意变量 ϕ 在计算单元 p 中的守恒方程为：

$$a_p \phi_p = \sum_{nb} a_{nb} \phi_{nb} + b \qquad (5.2.19)$$

式中，a_p 为单元中心系数；a_{nb} 为计算相邻单元影响系数；b 为源项的常数部分与边界条件引起的变量。采用耦合算法求解器时，各方程的规则化残差可以定义为：

$$R^\phi = \frac{\sum_{\text{sell p}} \left| \sum_{nb} a_{nb} \phi_{nb} + b - a_p \phi_p \right|}{\sum_{\text{sell p}} a_p \phi_p} \tag{5.2.20}$$

当变量 ϕ 计算后所得的残差小于指定收敛精度时，则认为该计算收敛，本章对计算收敛精度的要求为 10^{-6}，且进出口流量相对差小于 1%。为了提高计算的准确性，考虑气穴现象对支承轴承的性能影响，特作如下假设：因为支承轴承的变形较小，所以在计算时不考虑支承轴承的变形，认为支承轴承油膜外表面是无限刚度的。润滑油通过油口进入油腔内部，经计算得 Re 小于 2 300，油腔内部为层流状态。在稳态状态下选择操作压力为 101 325 Pa，汽化压力为 28 186 Pa。

（3）模型有效性验证。

为了充分地验证该研究方法的有效性，以文献［209］中的测试轴承为对象，基于本章建立的多相流计算模型，针对不同工况下的轴承进行流体动力学仿真计算。将仿真结果与文献［209］中轴承试验结果对比，验证本书计算方法的正确性和有效性，仿真计算参数如表 5.2.1 所示。

表 5.2.1　轴承仿真计算参数

参数	数值
轴承直径/mm	100
轴承宽度/mm	50
间隙尺寸/mm	0.052
转速/(r·min⁻¹)	600
润滑油黏度（40℃）/(Pa·s)	0.068
润滑油黏度（100℃）/(Pa·s)	0.008 8

网格密度是影响流场数值计算的一个重要因素，特别是针对复杂的工程问题，网格数量的多少直接关系到计算结果的经济性和精确性，因此开展网

格密度无关性验证检验对计算效率和准确性具有重要的意义。根据上述模型建立的轴承物理模型分别建立不同密度的网格模型。采用单因素分析法保持不同工况的数值算法一致，以油膜压力最大值达到收敛时间和计算结果作为评价标准。图 5.2.4 为不同网格密度下计算得到的在外载为 8 kN 时，轴承油膜最大压力值和网格密度情况。由图可知，当网格较为稀疏时计算的油膜最大压力值较小，随着网格密度的增加，油膜最大压力值逐渐增大，并保持稳定。当径向网格层数为 10 时，网格数量为 41 万，油膜最大压力值为 3.764 MPa，计算时间为 1 500 s。而当径向网格层数为 30 时，网格数量为 58 万，油膜最大压力值为 3.782 MPa，计算时间为 3 300 s。网格数为 41 万和 58 万两种工况计算得到的油膜最大压力值相当，基本满足计算精度要求，但 58 万网格数模型的轴承总计算时间是 41 万网格数的两倍，效率较低。因此，综合考虑计算精度和计算效率，本书所有高速重载机械压力机支承轴承油膜动力学计算模型径向网格层数设定为 10。

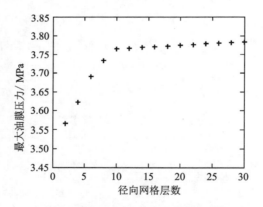

图 5.2.4 轴承仿真值与试验值对比

图 5.2.5 给出了在不同载荷（6 kN、8 kN）作用下，油膜周向压力分布情况仿真计算结果和试验测试结果对比曲线。由图中可以看出，仿真计算得到的压力峰值略高于实测值，出现偏差的原因是忽略了润滑油的惯性力，其中还存在计算参数偏差、测量误差等因素影响。但仿真结果与试验结果相差很小，整体压力分布吻合度较好，这表明本章所提出的多相流计算方法能有效地进行支承轴承动力学性能分析。

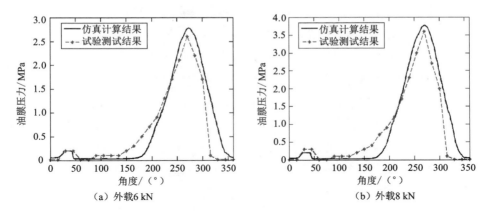

（a）外载6 kN　　　　　　　　（b）外载8 kN

图5.2.5　轴承仿真值与试验值对比

5.3　高速重载机械压力机支承轴承流固耦合模型

在科学研究和工程分析过程中，各种物理现象之间存在相互联系，纯粹的单场问题并不存在，而考虑多个物理场进行耦合分析比单独分析一个物理场要复杂。考虑温度场分布的流固耦合是多场耦合分析中常见的耦合问题。热流固耦合力学是热力学与传热学、流体力学与固体力学交叉而产生的一个力学分支，它包括热耦合的传热问题、流固耦合的变形运动问题以及热流固三场耦合问题。热流固耦合力学的主要研究对象是流动的流体与固体之间传热效果，可变形的固体在流场作用下的各种行为以及固体的变形对流场影响的相互作用关系。热流固耦合力学的重要特征是两相介质之间的相互作用，变形固体在流体载荷作用下会产生变形或运动，变形或运动又反过来影响流体载荷，从而改变流体载荷的分布和大小，正是这种相互作用将在不同条件下产生形形色色的流固耦合现象[210]。

流固耦合问题需要求解的耦合方程的定义域同时有流体域与固体域，而未知变量含有描述流体现象的变量和描述固体现象的变量，流体域与固体域均不可单独求解，也无法显式地消去描述流体运动的独立变量及描述固体现象的独立变量。总的来说，流固耦合问题按其耦合机理可分为两大类：第一类问题的特征是耦合作用仅仅发生在两相交界面上，在方程式的耦合是由两相耦合面上的平衡及协调来引入；第二类问题的特征是两域部分或全部重叠在一起，难以明显地分开，使描述物理现象的方程，特别是本构方程需要针对具体的物理现象来建立，其耦合效应通过描述问题的微分方程来体现[211]。实际上流固耦合问题是场（温度场、流场与固体变形场），场间不相互重叠与渗透，其耦合作用通过界面力（包括多相流的相间作用力等）起作用，若场间相互重叠与渗透，其耦合作用通过建立不同于单相介质的本构方程等微分方程来实现。

耦合问题求解时有两种方式，一是两场交叉迭代（基于单向耦合），二是直接全部同时求解（基于双向耦合）。对于高速重载机械压力机支承轴承而言，由于轴承变形相对较小，对流场影响也较小。因此，本章主要研究在油膜压力和温度的作用下，轴承的变形量和应力分布情况，属于单向流固耦合分析的范畴。

5.3.1 支承轴承多场耦合计算控制方程

5.3.1.1 固体控制方程

对于支承轴承而言，流固耦合中的固体结构是指轴承，属于弹性体变形，对于这类问题可以用有限元法将其进行离散化求解。有限元法是将复杂结构分成若干个相互连接的弹性单元，通过位移插值函数和动力学基本原理确定刚度矩阵、质量矩阵及其他特征矩阵[212]。由流体引发固体振动、变形的控制方程表达式为：

$$M_s \frac{\mathrm{d}^2 r}{\mathrm{d}t^2} + C_s \frac{\mathrm{d}r}{\mathrm{d}t} + K_s r + \tau_s = 0 \tag{5.3.1}$$

式中，M_s 为质量矩阵；C_s 为阻尼矩阵；K_s 为刚度矩阵；r 为固体位移；τ_s 为固体受到的应力。

由于阻尼的影响很小，工程上通常在计算结构的固有动力特性时将阻尼项忽略，因此式（5.3.1）可以改写成：

$$M_s \frac{\mathrm{d}^2 r}{\mathrm{d}t^2} + K_s r + \tau_s = 0 \tag{5.3.2}$$

支承轴承结构无阻尼自由振动方程为：

$$M_s \frac{\mathrm{d}^2 r}{\mathrm{d} t^2} + K_s r = 0 \tag{5.3.3}$$

其对应的特征方程为：

$$(\boldsymbol{K}_{s} - \omega^2 \boldsymbol{M}_{s})\boldsymbol{r} = 0 \qquad (5.3.4)$$

式中，ω 为支承轴承结构的特征值，即固有频率。

5.3.1.2　传热控制方程

对于支承轴承与油膜之间的热传导问题，可根据传热控制方程求解：

$$Q = kA\Delta t_m \qquad (5.3.5)$$

式中，k 为传热系数；A 为传热面积；Δt_m 为传热的平均温差。

5.3.1.3　耦合控制方程

在流固耦合求解过程中，除了求解流体域基本方程外，同时还要对固体域进行求解。固体的基本方程由牛顿第二定律推导得出：

$$\rho_s \frac{\partial^2 \boldsymbol{r}}{\partial t^2} = \nabla \cdot \boldsymbol{\sigma}_s + \boldsymbol{f}_s \qquad (5.3.6)$$

式中，ρ_s 为固体的密度；$\dfrac{\partial^2 \boldsymbol{r}}{\partial t^2}$ 为固体区域的加速度矢量；$\boldsymbol{\sigma}_s$ 为柯西应力张量；$\boldsymbol{f}_s$ 为体积力矢量。

由于流固耦合方程必须满足基本的守恒定律，因此流体与固体之间的变量必须保持守恒[213-214]。联立流体基本方程与固体基本方程，得到流固耦合方程表达式如下：

$$n \cdot \tau_f = n \cdot \tau_s \qquad (5.3.7)$$

$$r_f = r_s \qquad (5.3.8)$$

$$q_f = q_s \qquad (5.3.9)$$

$$T_f = T_s \qquad (5.3.10)$$

式中，q 为热流量；T 为温度；f 和 s 分别表示流体和固体。

5.3.2　支承轴承多场耦合计算求解方法分析

针对本章建立的高速重载机械压力机支承轴承多场耦合模型，很难将基本方程统一成通用形式，采用整场求解的方法进行整个计算域的求解[215-216]。而分区求解法可以在分别求解每个区域控制方程的基础上，通过在边界上进行耦合迭代来实现整个区域的求解计算，同时还能够大大提高计算效率，流固耦合求解流程图如图 5.3.1 所示。

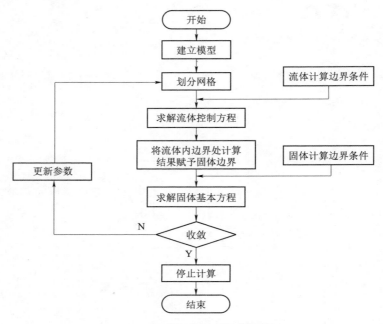

图 5.3.1　流固耦合求解流程图

5.4　高速重载机械压力机支承轴承多场耦合计算及性能分析

基于上述的轴承流固耦合力学模型，对高速重载机械压力机支承轴承进行动力学研究，研究多场耦合以及不同参数对支承轴承动力学特性的影响。

5.4.1　油槽结构参数对支承轴承性能影响

为了更加深入地研究油槽结构参数对支承轴承性能的影响，分别建立四种油槽结构的多场耦合模型进行动力学仿真分析，支承轴承结构简图如图 5.4.1 所示，动力学仿真计算参数如表 5.4.1 所示。

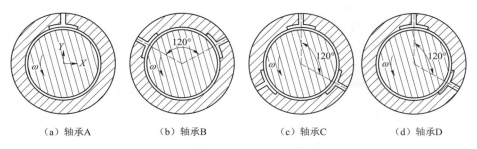

（a）轴承A　　　　（b）轴承B　　　　（c）轴承C　　　　（d）轴承D

图5.4.1　支承轴承结构简图

表5.4.1　动力学仿真计算参数

参数	数值	参数	数值
轴承宽度/mm	305	润滑油密度/(kg·m⁻³)	890
轴承半径/mm	165	20℃时润滑油黏度/(Pa·s)	0.068
间隙尺寸/mm	0.1	100℃时润滑油黏度/(Pa·s)	0.008
进油口半径/mm	8	润滑油热传导率/(W·(m·K⁻¹))	0.13
油槽宽度/mm	30	润滑油比热容/(J·(kg·K⁻¹))	2 000
油槽深度/mm	3	润滑油对流系数/(w·(m²·K⁻¹))	750
偏心率	0.6	润滑油进油温度/℃	20
轴颈转速/(r·min⁻¹)	100	气穴压力/Pa	28 186

不同油槽结构参数下轴承动力学仿真计算结果如图5.4.2～图5.4.6所示，其中，油膜压力单位为MPa，油膜温度单位为℃。

图5.4.2给出了不同油槽结构参数下油膜压力分布的计算结果图。由图中可以看出，四种模型在油膜的发散区压力分布基本相同，主要差别表现在油膜收敛区内，轴承B收敛区面积相对较小。轴承C在收敛区域内油槽所在位置出现负压部分，油膜最高压力为2.64 MPa，承载能力为83 199.297 N，这与其他三种结构相比较小。轴承A和轴承D具有较好的承载能力和较大的收敛区域面积，其承载能力分别为203 448.9 N和197 813 N。计算结果表明，流体流经收敛区间隙产生的最大压力分别为4.85 MPa和4.62 MPa，位于260°处。气穴压力主要分布在50°至190°区域内。根据上述分析可知，在收敛区域内建立油槽会降低轴承承载能力并减小收敛区面积。

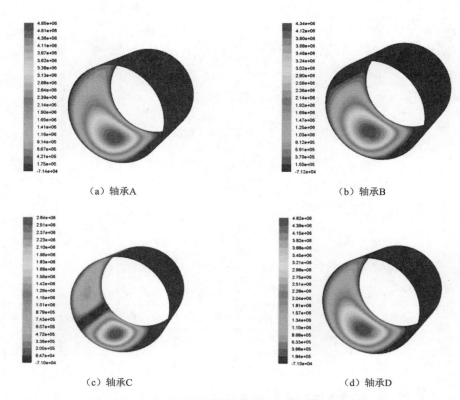

（a）轴承A　　　　　　　　　　　　　（b）轴承B

（c）轴承C　　　　　　　　　　　　　（d）轴承D

图5.4.2　不同油槽结构参数下油膜压力分布图

　　图5.4.3和图5.4.4分别给出了两相流模型求解得到的支承轴承油膜温度分布图和气液两相分布图。由温度分布图中可以看出，增加油槽的数量可以降低油膜温度，减小油膜高温区域面积，有助于提高轴承的润滑性能。对比图5.4.3（c）、图5.4.3（d）可以发现，油槽建立收敛区域内不仅没有降低该区域的油温，反而降低了油膜的承载能力。通过对比气液两相分布图可以发现，由于润滑油膜在负压的作用下产生汽化，发散区内油气混合共同存在，最大负压达到−71 kPa。在收敛区内有完整油膜，在最小油膜间隙处油膜开始汽化，最大间隙处上游附近汽化比例达到最大。在文献［130］中，通过有机玻璃制作的轴承套直接观察了滑动轴承负压区的油膜状态，研究了轴承的气穴分布，测试试验发现了相同的气穴分布特征。

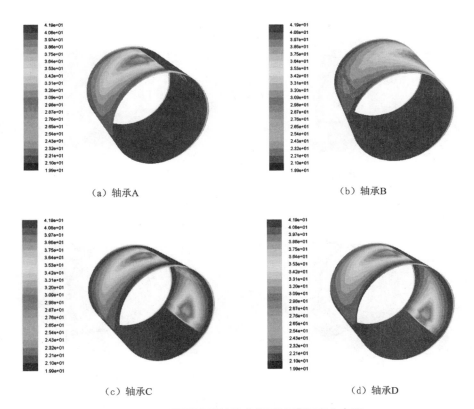

（a）轴承A　　　　　　　　　　　　　　（b）轴承B

（c）轴承C　　　　　　　　　　　　　　（d）轴承D

图 5.4.3　不同油槽结构参数下油膜温度分布图

图 5.4.5 和图 5.4.6 分别给出了转速为 100 r/min、偏心率为 0.6 工况条件下四种油槽结构参数下的轴承变形及应力云图。从图 5.4.5 中可以看出 A、B 和 D 三种油槽结构参数下轴承变形分布趋势基本相同，这是由于受到油膜压力分布影响。局部区域变形量分布存在差别的主要原因是不同的油膜温度分布会导致热变形大小不同。由此可见，轴承承受油膜压力的大小是引起轴承变形的主要原因，相对油膜压力的影响来说温度影响较小。由轴承应力分布云图可知，变形较大区域等效应力值也较大。轴承 C 等效应力分布与其他三种轴承分布差别较大，其原因是在油膜高压区内油槽的出现导致油膜压力降低。

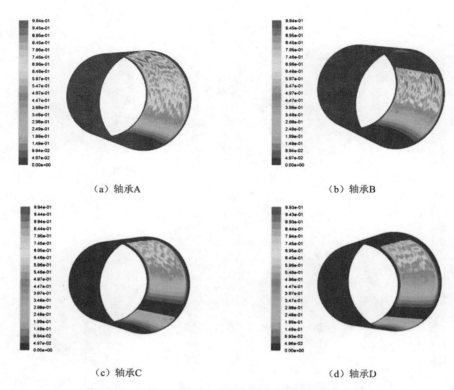

（a）轴承A　　　　　　　　　　　　　（b）轴承B

（c）轴承C　　　　　　　　　　　　　（d）轴承D

图 5.4.4　不同油槽结构参数下油膜气液两相分布图

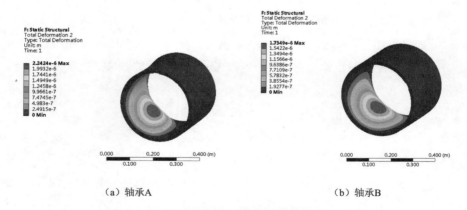

（a）轴承A　　　　　　　　　　　　　（b）轴承B

图 5.4.5　不同油槽结构参数下轴承变形分布云图

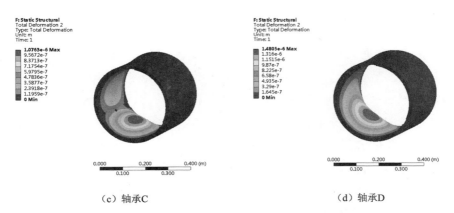

（c）轴承C　　　　　　　　　　　　（d）轴承D

图 5.4.5　不同油槽结构参数下轴承变形分布云图（续）

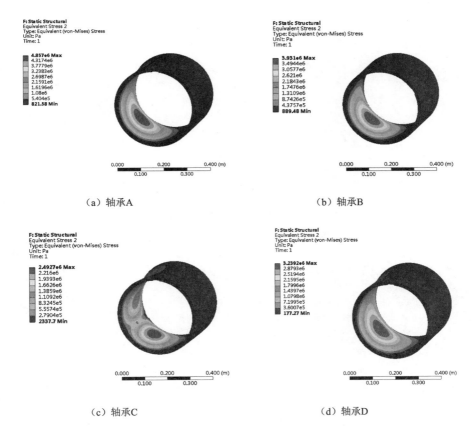

（a）轴承A　　　　　　　　　　　　（b）轴承B

（c）轴承C　　　　　　　　　　　　（d）轴承D

图 5.4.6　不同油槽结构参数下轴承应力分布云图

5.4.2　偏心率对支承轴承性能影响

进一步研究偏心率对支承轴承性能的影响，考虑到轴承实际运行情况，分别取偏心率为 0.4、0.5、0.6、0.7、0.8，轴颈转速为 100 r/min，油膜厚度为 0.10 mm 进行动力学仿真分析，轴承性能仿真结果如下所示。

图 5.4.7 描述了四种轴承在不同偏心率下油膜压力分布情况，由图可知，油膜的压力随偏心率的增加而明显增大。对比四种轴承，轴承 A 的油膜最大压力明显高于其他三种轴承。由图 5.4.7（c）可知，当偏心率为 0.6 时，轴承 C 的油膜最大压力仅为 2.43 MPa，随偏心率的增加，最大压力值明显增大。产生这种现象的原因是偏心率的变化会引起最小油膜厚度的改变。此外，油槽数量的增加也会引起油膜最大压力的减小。

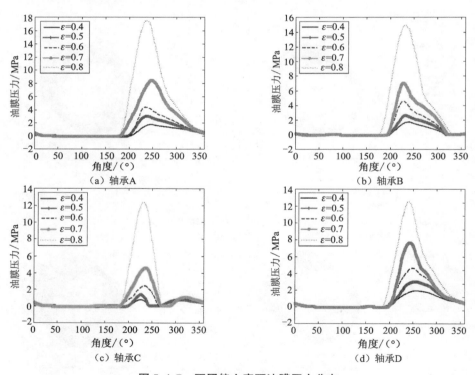

图 5.4.7　不同偏心率下油膜压力分布

图 5.4.8 给出了支承轴承性能随偏心率变化曲线。由轴承承载能力曲线可以看出，相同偏心率时，油槽数量越多，轴承承载能力越小。同时还可以

发现，四种轴承的承载能力随偏心率的增大都有所增大，但增大幅度有所差别。对比轴承 C 和轴承 D 承载能力曲线可以发现，轴承 D 的承载能力增幅明显高于轴承 C。这是由于偏心率较低时，轴承的动压效应不够明显，随着偏心率的增大，动压效应逐渐增强，承载能力随之增大。由图 5.4.8（b）可知，轴承 A 的气穴体积分数明显高于其他三种轴承。当偏心率为 0.4 时，轴承 A 气穴体积分数为 9.38%。而当偏心率增大到 0.6 时，轴承 A 气穴体积分数增大到 11.95%。轴承 B 和轴承 D 的气穴体积分数基本相同，偏心率为 0.4 时，两者偏差为 0.02%，而当偏心率增大到 0.8 时，两者偏差也仅为0.06%。由油膜平均温度变化曲线可以看出，偏心率对轴承动力学性能影响

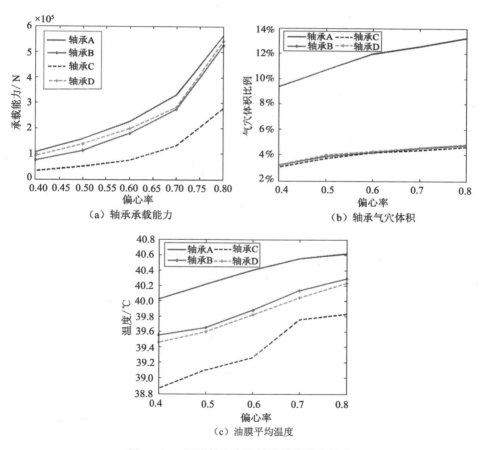

图 5.4.8　不同偏心率下轴承性能仿真结果

很大，偏心率的改变引起润滑性能的变化，油膜平均温度随偏心率的增大而增大。这是由于偏心率的增大会引起流场强度的增强，而流场内流体的速度梯度也随之增大。此外，根据曲线的变化还可以发现，油膜平均温度随油槽数量的增加明显下降，这是由于空气体积分数的减小使得润滑油体积分数增加，提高了轴承的润滑性能。

如图 5.4.9 所示，不同油槽结构参数条件下，轴承最大变形量随偏心率变化而改变。偏心率对轴承最大变形量的影响趋势相近，轴承变形量随偏心率增加而增大。偏心率变化对轴承 A 和轴承 B 的最大变形量影响变化趋势接近一致。以偏心率 0.6 为界，在此之前偏心率对最大变形量影响较小，而当偏心率超过 0.6 时，最大变形量随偏心率增加有大幅度的上升。图 5.4.10 给出了不同油槽结构参数条件下，轴承最大等效应力随偏心率变化曲线。分析结果表明，最大应力变化曲线与最大变形量变化曲线相似，增大偏心率的同时轴承最大等效应力也会随之增加。

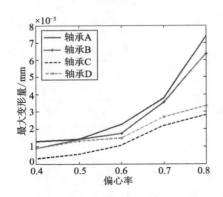

图 5.4.9　不同偏心率下轴承最大变形 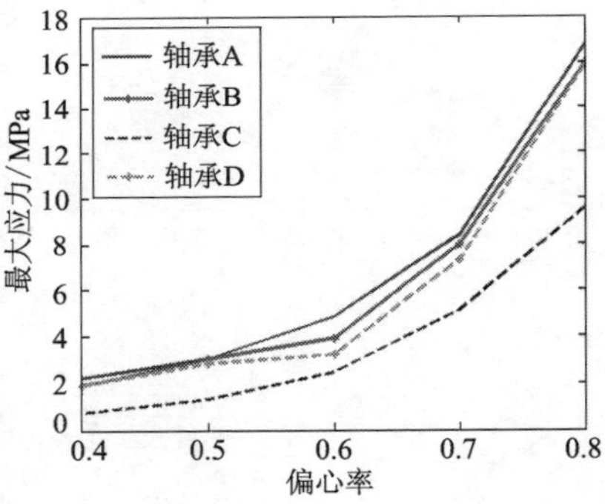　　图 5.4.10　不同偏心率下轴承最大应力

5.4.3　转速对支承轴承性能影响

进一步研究转速对轴承性能的影响，根据高速重载机械压力机工作范围，分别取转速为 40 r/min、70 r/min、100 r/min、130 r/min、160 r/min，偏心率为 0.6，油膜厚度为 0.10 mm 进行动力学仿真分析，轴承性能仿真结果如下所示。

图 5.4.11 描述了曲轴转速对轴承油膜压力分布的影响。从图 5.4.11 中

可以看出，不同曲轴转速下油膜压力分布趋势基本相同，随曲轴转速的增加，油膜最大压力明显增大。相对偏心率对油膜压力的影响，油膜压力大小受转速影响发生类似变化，轴承 C 的最大油膜压力值明显低于其他三种轴承。由图 5.4.11（c）可知，虽然油膜最大压力值随转速的增加而增大，但在高压区内依然出现低压值。当转速为 40 r/min 时，轴承 C 的油膜最大压力为 0.944 MPa。当转速上升到 160 r/min 时，油膜最大压力为 4.03 MPa。由图 5.4.11（d）可以看出，转速从 40 r/min 增长到 160 r/min，油膜最大压力从 1.81 MPa 增大到 7.72 MPa，增长幅度很大。因此，可以发现转速对油膜压力分布影响较小，但对最大压力值影响很大。

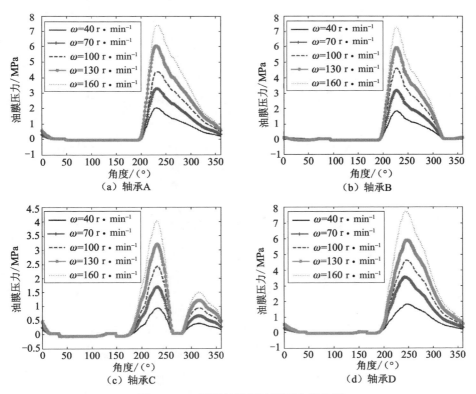

图 5.4.11　不同转速下油膜压力分布图

轴承承载能力随转速变化曲线如图 5.4.12（a）所示，计算结果表明不同结构的轴承承载能力变化趋势基本相同。由计算结果可以看出，相同转速时，油槽数量越多，轴承承载能力越小。同时还可以发现，四种轴承的油膜

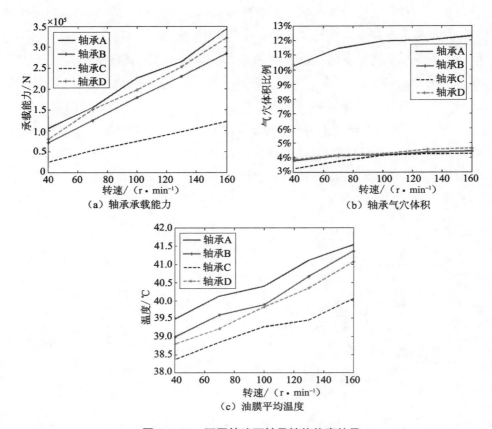

图 5.4.12　不同转速下轴承性能仿真结果

承载能力随转速的增大都有所增大，但增大幅度有所差别。对比 A 和 C 两种轴承可以发现，转速对轴承 C 的影响较小，引起这种现象的原因是轴承 C 的油膜压力值变化较小。进一步，对比轴承 B 和轴承 D 的承载能力变化曲线可知，轴承 B 承载能力较低，这是由于油槽在收敛区内降低了轴承 B 的油膜压力，由此可见轴承油槽位置的变化会引起轴承承载能力的改变。图 5.4.12（b）描述了曲轴转速对油膜气穴体积的影响。对比图中曲线可以看出，不同结构的轴承油膜气穴体积均随转速的升高而增大，轴承 A 的气穴体积分数明显高于其他三种轴承。当转速达到 160 r/min 时，轴承 A 的气穴体积达到最大。相对偏心率对轴承气穴体积分数的影响，转速对气穴体积分数影响较小。当转速为 40 r/min 时，轴承 A 气穴体积分数为 10.28%。当转速增加到 160 r/min 时，轴承 A 气穴体积分数为 12.28%。这是由于更多气体状态出现在发散区，破坏了流体的连续性，流场的发散区域增大。轴承 B、轴承 C 和轴承 D 三种气穴体积分数曲线变化接近一致，尤其在高速状态下基本相同。气穴体积分数的增加会引起润滑黏度的降低，从而会降低轴承的润滑能力。从图 5.4.12（c）可以得出曲轴转速对轴承平均温度影响较大。结果表明：在相同转速的工况下，油槽数量越多，油膜平均温度越低。当轴承转速为 160 r/min 时，轴承 A 油膜平均温度为 41.53℃，而轴承 D 油膜平均温度为 41.06℃。

图 5.4.13 和图 5.4.14 给出了不同油槽结构参数条件下，轴承最大变形量和最大应力随转速变化曲线。转速对最大轴承变形量的影响趋势相似，轴承变形量随转速增加而增大。此外，还可以发现最大应力变化曲线与最大变形量变化曲线相似。分析结果表明，转速的增加会引起轴承最大等效应力的增大。

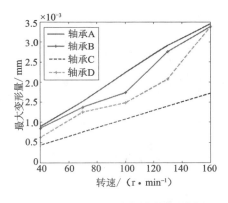

图 5.4.13　不同转速下轴承最大变形

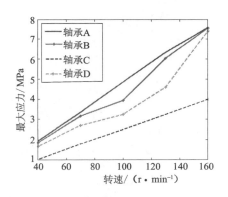

图 5.4.14　不同转速下轴承最大应力

5.4.4　油膜厚度对支承轴承性能影响

进一步研究油膜厚度对支承轴承性能的影响，考虑到油膜厚度的合理范围，分别取油膜厚度为 0.06 mm、0.07 mm、0.08 mm、0.09 mm、0.10 mm，轴颈转速为 100 r·min^{-1}，偏心率为 0.6 进行动力学仿真分析，轴承性能仿真结果如下所示。

分析不同油膜厚度对油膜压力分布影响可知，油膜最大压力随油膜厚度的增加而减小。由图 5.4.15（d）可知，当油膜厚度为 0.06 mm 时，轴承油膜最大压力为 13.4 MPa，随油膜厚度的增加压力值明显减小。当油膜厚度为 0.10 mm 时，油膜最大压力为 4.62 MPa。油膜最大压力减幅为 65.5%，该结果表明油膜厚度对油膜压力值影响很大。

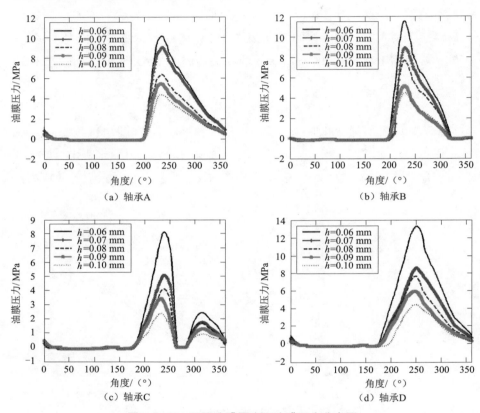

图 5.4.15　不同油膜厚度下油膜压力分布图

图 5.4.16 给出了转速为 100 r/min^{-1}，偏心率为 0.6 工况条件下，轴承承载能力、轴承气穴体积及油膜平均温度随油膜厚度的变化关系。如图 5.4.16（a）所示，相同转速下，轴承承载能力随油槽数量的增加而减小。当油膜厚度为 0.06 mm，轴承 A 承载能力为 563 437.16 N，油槽数量增加到 3 时，轴承 C 承载能力为 237 920.01 N。图 5.4.16（b）描述了油膜厚度对轴承气穴体积分数的影响。由图可知，当油膜厚度较小时，不同结构轴承气穴体积分数有较大区别。油膜厚度大于 0.08 mm 时，轴承 B、轴承 C 和轴承 D 气穴

体积分数接近一致。如图 5.4.16（c）所示，油膜平均温度随油膜厚度的增大明显降低。当油膜厚度大于 0.08 mm 时，油膜温度逐渐减小，这是由于随着温度的降低润滑油黏度上升，而生热率降低缓慢，导致温度下降的趋势变缓。油膜与轴承对流换热情况的增强，也会引起轴承润滑能力的变化。

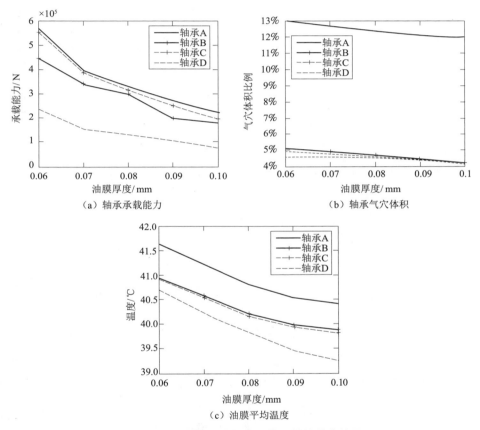

（a）轴承承载能力　　　　（b）轴承气穴体积

（c）油膜平均温度

图 5.4.16　不同油膜厚度下轴承性能仿真结果

图 5.4.17 和图 5.4.18 描述了油膜厚度对轴承最大变形和最大应力的影响。结果表明：在油槽结构参数相同的情况下，轴承的最大变形量和最大应力随油膜厚度的增加有所下降。以轴承 D 为例，当油膜厚度为 0.06 mm 时，轴承最大变形量为 0.0 034 mm，轴承最大应力为 7.531 8 MPa。油膜厚度增大到 0.1 mm 时，轴承最大变形量为 0.001 5 mm，轴承最大应力为 3.239 2 MPa。

结果表明，油膜厚度越小，对轴承的变形量和应力值影响越明显。因此，对位置输出精度有较高要求的机构，设计时必须考虑其油膜厚度对整体系统的影响。

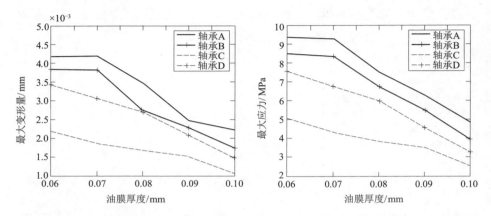

图 5.4.17　不同油膜厚度下轴承最大变形　　图 5.4.18　不同油膜厚度下轴承最大应力

5.5　本章小结

本章在考虑气穴现象影响的基础上，将 Mixture 模型引入支承轴承动力学模型中，分析了多相流混合模型的计算边界条件，建立了支承轴承动力学特性分析模型。通过仿真结果与试验结果的对比，验证了该模型的正确性和有效性。在此基础上，建立了高速重载机械压力机支承轴承流固耦合模型，分别从油膜压力分布、承载能力、气穴体积分数、油膜平均温度以及轴承的变形量和等效应力等方面对支承轴承在多耦合场作用下的动力学性能进行了详细的分析。研究发现：① 油槽结构参数的变化引起轴承油膜压力分布发生改变，对轴承承载能力、润滑性能以及轴承变形量有较大影响，不容忽视；② 偏心率和转速对轴承油膜压力值影响很大，偏心率和转速值越大，轴承承载能力越强，但油膜平均温度和轴承变形量也会增大；③ 在一定条件下，增加油膜厚度不仅可以减小油膜内的气穴体积分数，还可以降低油膜的平均温度，提高轴承的润滑性能。

6 高速重载机械压力机研制与性能试验

前文主要从高速重载机械压力机传动机构运动学分析、传动机构动力学性能研究以及曲轴支承轴承动力学特性分析等方面提出了相应的理论分析模型，并详细分析了相关参数对压力机性能的影响，为高速重载机械压力机的设计与制造提供理论基础。本章在上述理论研究的基础上，完成了高速重载机械压力机的试制，并建立了高速重载机械压力机试验平台。此外，结合本书研究内容设计了高速重载机械压力机性能试验，一方面对前文高速重载机械压力机关键技术理论研究进行验证；另一方面为高速重载机械压力机设计提供参考。

6.1 样机制造与调试

在整个高速重载机械压力机系统中，各零部件协调统一作为一个整体，最终完成机械压力机的冲压动作。因此，各构件的结构形式及其空间布置形式必须要进行详尽的设计，在满足强度、刚度及动平衡等设计要求的前提下，构件间不能出现干涉现象，且其变形应协调一致，重复地发挥各部件的性能，以提高整机的综合性能。

基于前文理论分析结果和机械压力机设计准则，最终完成了高速重载机械压力机样机的制造，样机结构示意图如图 6.1.1 所示。由样机结构示意图可以看出，高速重载机械

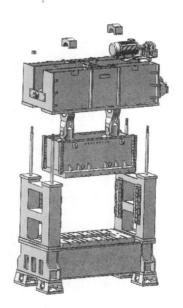

图 6.1.1　样机结构示意图

压力机主要由机身、驱动装置和传动机构等组成[217-218]。

机身是高速重载机械压力机重要的支撑部件，直接承受工作载荷的冲击以及传动系统通过机身连接转动副传递到机身的内力，其强度、刚度及动态特性直接影响待加工产品的品质、模具和自身的寿命及振动特性。机身结构主要分为三个部分：上梁、立柱和基座。上梁部分主要安装曲轴、支承轴承、电机支架及驱动机构；立柱主要起支承作用，连接上梁和基座，为传动机构保留足够的运动空间；基座部分通过地脚螺栓固定在地面上，并通过四根拉杆将三个部分连接成一个封闭整体[219]。此外，在机身内部设有润滑油槽，以减少外部管路连接，实现整机的润滑降温，避免机身热效应的产生，机身结构组成示意图如图 6.1.2 所示。

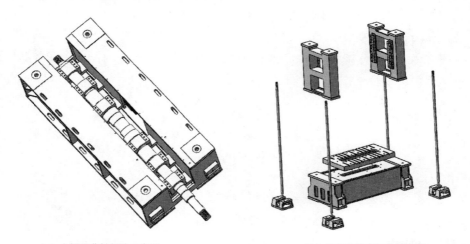

（a）上梁和曲轴部分示意图　　　　　　　（b）立柱和基座部分示意图

图 6.1.2　机身结构示意图

驱动装置主要由电机、飞轮、离合器、皮带轮、联轴器和电机支架等组成，驱动装置示意图如图 6.1.3 所示。电机安装在电机支架上，通过联轴器与皮带轮相连接。飞轮安装在上横梁飞轮座上，可以减小曲轴承重力矩。皮带轮安装在曲轴前端，通过电机和皮带轮带动曲轴转动。曲轴前部安装旋转编码器，可以实时获取曲轴转角信号[220-221]。

传动机构是高速重载机械压力机的核心部分，主要由曲轴、连杆、主滑块和平衡机构组成，传动机构零件示意图如图 6.1.4 所示。通过连杆将主滑

（a）电机部分示意图　　　　　　　　　　（b）飞轮部分示意图

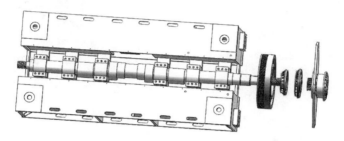

（c）飞轮与曲轴连接部分示意图

图6.1.3　驱动装置示意图

块与曲轴连接在一起，实现滑块的上下往复运动；曲轴另一端与平衡机构连接，实现对滑块运动部分惯性力的平衡；压力机上装有主滑块提升装置和锁紧装置，实现滑块行程调整，提高滑块运动的平稳性；滑块四周安装导向装置，提高滑块运动的精度[222-223]。

　　为了保证压力机能在高速和重载工况下长期稳定地运行，对压力机关键零部件的加工精度提出了较高的要求。曲轴是高速重载机械压力机的关键零件，其强度和表面加工精度是保证主滑块运动精度的主要因素[224]。因此，采用镜面加工设备对其进行表面抛光，并通过粗糙度测试仪进行检测。加工及检测装备现场如图6.1.5所示，其表面粗糙度测试结果为 1.3×10^{-4} mm，满足设计精度要求。此外，由于机身采用分体式加工装配，对定位精度要求较高，整机装配时采用激光跟踪仪进行拉杆孔的定位精度检测，其设备如图6.1.6所示。根据图纸设计要求完成所有零件的加工，关键零部件如图6.1.7所示。

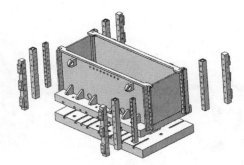

（a）滑块部分示意图

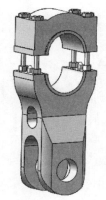

（b）连杆部分示意图

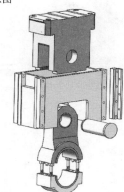

（c）平衡机构示意图

图 6.1.4　传动机构零件示意图

（a）镜面加工装备

（b）粗糙度测试仪

图 6.1.5　曲轴加工装备

图 6.1.6 激光跟踪仪

图 6.1.7 关键零部件

　　高速重载机械压力机装配过程与普通机械压力机的装配过程相似，采用先部装后总装的装配顺序：首先，完成基座和立柱部装过程（部分油路系统）；其次，完成传动机构、驱动装置和上梁的部装；最后，完成整机总装及机身锁紧。装配过程中需要保证各部位的间隙量或过盈量，并检测是否存在运动干涉情况。整机装配完成后的高速重载机械压力机如图6.1.8所示。

图 6.1.8　整机装配完成后的高速重载机械压力机

　　整机装配完成后即可进行整机调试，调试现场如图6.1.9所示。调试阶段主要包括三个部分：分别调整机床工作台上表面与滑块底面间的平行度、滑块行程对工作台上表面的垂直度以及连接部分的总间隙大小，完成整机几何精度调整；润滑系统调试主要为了保证各转动副可以正常运行，且不发生因温度过高而"抱死"的现象；最后，进行电气系统调试和检测，确认高速重载机械压力机可以正常和稳定地运行。

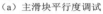（a）主滑块平行度调试　　　　　　　　　　　　（b）润滑系统调试

图 6.1.9　高速重载机械压力机现场调试

6.2　样机的性能试验

试验研究是高速重载机械压力机动力学性能分析和应用技术研究的一个重要手段。基于上述理论分析基础，搭建了高速重载机械压力机性能试验平台，以满足本书试验的需求。为了说明高速重载机械压力机动力学特性，在设备调试平稳后分别开展了主滑块加速度、主滑块动态精度、曲轴温升以及电机定转子冲压试验研究，并且对试验结果进行详细分析，为高速重载机械压力机的优化设计提供依据。

6.2.1　主滑块加速度试验

传动机构是高速重载机械压力机的重要组成部分，传动机构的动态特性可直接反映高速重载机械压力机的动力学性能。转动副间隙的存在不仅会产生较大的接触力，还会引起高速重载机械压力机传动机构动态特性的变化。根据前文分析，与位移和速度相比，加速度对传动机构振动响应更敏感，并能有效地反映出传动机构的动态特性[225-226]，因此，本节对高速重载机械压力机主滑块进行加速度测试。

6.2.1.1　试验方案

高速重载机械压力机主滑块加速度测试原理如图 6.2.1 所示，将无线加速度传感器安装在主滑块台面上；通过无线数据接收器建立传感器和采集系统之间的连接，并处于连续采集状态；加速度传感器随主滑块做上下往复运动，将滑块加速度信号传递到采集系统；通过连续采集的方法得到高速重载机械压力机主滑块加速度值，传动机构加速度试验现场测试如图 6.2.2 所示。

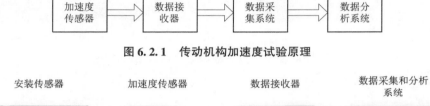

图 6.2.1　传动机构加速度试验原理

安装传感器　　　　　　加速度传感器　　　　　　数据接收器　　　　　数据采集和分析系统

图 6.2.2　传动机构加速度测试

6.2.1.2　试验结果分析

试验中，高速重载机械压力机为空载运行状态，根据高速重载机械压力机的工作频率范围，分别取曲轴转速为 90 r/min、120 r/min、150 r/min、180 r/min。当高速重载机械压力机开机运行达到稳定状态后，进行了不同转速时压力机主滑块的加速度测试，测试结果如图 6.2.3 所示。

图 6.2.3 描述了高速重载机械压力机转速对主滑块加速度曲线的影响。由计算结果可以发现，不同转速下主滑块加速度均出现了波动现象。同时还可以发现，主滑块波动幅度随着转速的增加明显增大。当曲轴转速为 90 r/min 时，主滑块加速度最大值为 3.947 m/s²；而转速增加到 180 r/min 时，主滑块加速度最大值为 13.23 m/s²。产生这种现象的主要原因是传动机构运动构件的

惯性力随压力机转速的增加而增加，使得由转动副间隙产生的碰撞力也随之增大。综上所述，通过主滑块加速度测试结果可知，转速对高速重载机械压力机传动机构的动态特性影响很大。压力机转速越高，传动机构振动越大，传动机构动态特性也越差。传动机构动态特性是反映高速重载机械压力机稳定性的一个重要因素。该测试结果与前文传动机构动力学分析结果相吻合，从而验证了含间隙传动机构动力学理论分析的正确性。

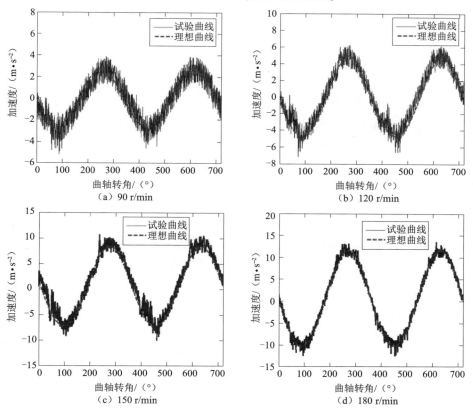

图 6.2.3　主滑块加速度测试结果

6.2.2　主滑块动态精度试验

主滑块动态精度是机械压力机一个重要的性能考核指标，主滑块动态精度的大小可以体现机械压力机的结构稳定性和加工精度[227-228]。对于高速重载机械压力机而言，转动副元素之间的接触力和主滑块在运动过程中的惯性力都非常大，可能会引起关键部件的弹性变形和机身振动，致使主滑块动态精度值随压力机转速变化可能出现不同的波动现象。因此，本节对高速重载机械压力机主滑块的动态精度进行了测试。

6.2.2.1 试验方案

主滑块动态精度试验主要是研究高速重载机械压力机主滑块与工作台面之间 x、y、z 三个方向的相对位移变化情况，高速重载机械压力机动态精度测试原理如图 6.2.4 所示。前后（左右）方向动态精度测试基本原理为：将电涡流位移传感器安装在主滑块两端，光电传感器通过磁性表座安装在机身工作台面上；将传感器与数据采集卡相连接，并处于连续采集状态；遮光板随主滑块做上下往复运动，当遮光板到达光电传感器位置时阻碍光电传感器的光信号传递，使其输出信号产生脉冲突变，通过采集程序保存此时前后（左右）方向电涡流传感器输出的位移值；通过多次采集的方法得到高速重载机械压力机主滑块前后（左右）方向的动态精度。竖直方向动态精度测试基本原理为：通过磁性表座将电涡流位移传感器安装在机身工作台面上，并与滑块最低点位置保持一定距离；将传感器与数据采集卡相连接，并处于连续采集状态；通过数据采集卡采集滑块最低点附近位置的传感器与主滑块之间相对位移值；通过滤波处理剔除奇异点，并读取下死点位置；通过多次采集的方法得到高速重载机械压力机主滑块竖直方向的动态精度。主滑块动态精度试验现场测试如图 6.2.5 所示。

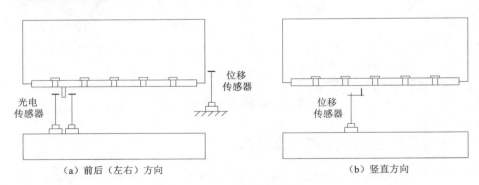

（a）前后（左右）方向   （b）竖直方向

图 6.2.4　动态精度测试原理

（a）光电传感器　　　　（b）水平方向位移传感器　　　（c）竖直方向位移传感器

图 6.2.5　主滑块动态精度现场测试

6.2.2.2　试验结果分析

试验中，高速重载机械压力机为空载运行状态，根据高速重载机械压力机的工作频率范围，分别取曲轴转速为 90 r/min、120 r/min、150 r/min、180 r/min。当高速重载机械压力机开机运行达到稳定状态后，进行了不同转速下压力机主滑块的动态精度测试，主滑块动态精度测试结果和平均位置变化结果如图 6.2.6 和表 6.2.1 所示。

由图 6.2.6 可知，在相同转速条件下，主滑块竖直方向动态精度较低，尤其在转速高于 120 r/min 之后，其位置波动值增大。当转速为 90 r/min 时，主滑块前后、左右和竖直方向波动值分别为 0.003 4 mm、0.003 4 mm、0.006 3 mm。当转速增加到 180 r/min 时，主滑块前后、左右和竖直方向波动值分别为 0.005 7 mm、0.005 3 mm、0.011 2 mm，均满足设计要求。同时，通过观察测试结果还可以发现，主滑块下死点位置随压力机转速的增加而逐渐降低。为了更清晰地观察压力机转速对主滑块动态精度的影响，建立主滑块平均位置变化表（表 6.2.1）。对比不同转速时主滑块动态精度测试结果可知，高速重载机械压力机转速越高，主滑块动态精度受到的影响越大，主滑块动态精度越低，传动机构运动稳定性越差，压力机加工精度也越差。这种现象是由于不同转速时主滑块所受惯性力不同。因此，主滑块动态精度大小是影响高速重载机械压力机稳定性的一个重要因素。该测试结果与第四章高速重载机械压力机传动机构动态分析结果相吻合，从而证明了对传动机构动态特性分析的正确性。

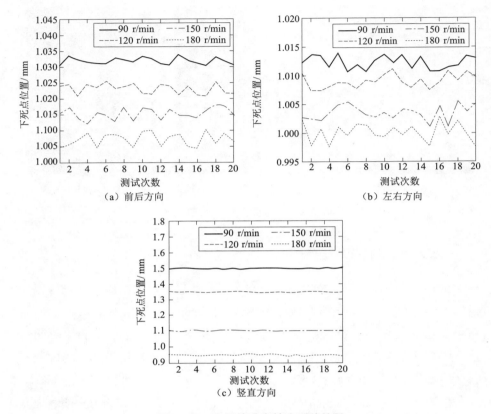

图 6.2.6 主滑块动态精度测试结果

表 6.2.1 主滑块平均位置变化

转速/（r/min）	前后方向/mm	左右方向/mm	竖直方向/mm
90	1.031 8	1.012 2	1.500 2
120	1.023 1	1.009 0	1.349 5
150	1.015 2	1.003 4	1.100 2
180	1.007 2	0.999 9	0.950 3

6.2.3 曲轴温升试验

发热问题是制约高速重载机械压力机动态性能的主要因素，发热量过大会引起转动副出现"抱死"现象。由于转动副温升是引起发热的主要因素，曲轴为高速重载机械压力机的最主要发热源[229-230]。因此，本节通过曲轴温升测试来验证曲轴支承轴承动力学特性分析结果的正确性。由于受高速重载机械压力机结构形式的限制，曲轴温升试验只能针对关键位置温升进行测试。

6.2.3.1　试验方案

由前文分析可知，支承轴承的润滑性能是评价曲轴运行稳定性的重要指标，而曲轴与连杆的连接处是传动机构动力传递的关键位置。因此，选择曲轴支承点轴承外表面以及连杆和曲轴连接点轴承外表面作为曲轴温升试验的测试点，温升测试点分布位置如图6.2.7所示。常用的测温装置主要有红外测温仪、热电偶温度传感器和铂电阻温度传感器等。采用接触式温度传感器的测量方法较为复杂，需要改变原有零件的结构，在测试点建立用于放置传感器的测温工艺孔，可能会引起应力集中，对关键零部件甚至整机造成损伤。为了保证压力机原有结构特性，本节采用非接触式方法，通过采用红外测温仪进行温升测试，曲轴温升试验现场测试如图6.2.8所示。

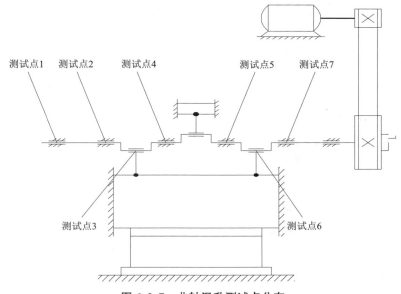

图 6.2.7　曲轴温升测试点分布

6.2.3.2　试验结果分析

在试验中，高速重载机械压力机为空载运行状态，转速为 120 r/min，冷却油箱油温为 23.8℃，环境温度为 16.7℃，轴承润滑系统中油压为 25 MPa。当高速重载机械压力机开机运行达到稳定状态后进行曲轴温升测试，温升测试结果如图 6.2.9 所示。

图 6.2.8　曲轴温升测试图

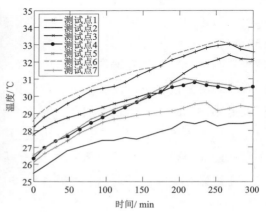

图 6.2.9　曲轴温升测试结果

由图 6.2.9 可知，在相同转速的情况下，测试点 1、测试点 3、测试点 6 温度较高，其中测试点 3 和测试点 6 温升较大。这种现象出现的原因是测试点 1、测试点 3、测试点 6 位于曲轴受力较大位置。通过观察测试结果还可以发现，测试点温度随运行时间的增加而逐渐增大。为了更清晰地观察压力机转速对曲轴温升的影响，建立曲轴温升结果统计表（表 6.2.2）进行对比分析。结果表明，各测试点平均温升分别为 2.5℃、2.2℃、3.0℃、3.1℃、3.0℃、2.9℃、2.5℃。分析以上曲轴温升测试结果可知，曲轴承受载荷越大，高速重载机械压力机动力学性能受到的影响越大，曲轴温度越高，曲轴热变形越大，传动机构运动精度也越差。因此，温升大小是影响高速重载机械压力机动力学性能的一个重要因素。该测试结果与第五章曲轴支承轴承动力学特性分析结果相吻合，从而验证了高速重载机械压力机支承轴承动力学特性分析的正确性。

表 6.2.2　曲轴温升统计结果

测试点	初始温度/℃	平均温度/℃	平均温升/℃
1	27.8	30.3	2.5
2	25.4	27.6	2.2
3	28.2	31.2	3.0
4	26.3	29.4	3.1
5	26.5	29.5	3.0
6	28.6	31.5	2.9
7	26.1	28.6	2.5

6.2.4　压力机冲压试验

周期性的冲击载荷是高速重载机械压力机在工作中主要的负荷形式。在冲击载荷作用下所产生的动态特性不仅会影响压力机运行的稳定性,也会影响冲压产品的质量。冲击载荷作用下传动机构的动态性能测试不仅可以反映压力机的加工性能,还可以为压力机的设计提供参考[231-232]。在实际工况下的主滑块加速度是衡量高速重载机械压力机传动机构动力学特性的重要指标。本节以实际电机定转子加工过程为对象,通过传动机构主滑块的加速度测试来验证高速重载机械压力机关键技术研究的实用性。

6.2.4.1　试验方案

将本书研究的高速重载机械压力机与辅助设备连接,组成电机定转子冲压生产线,该冲压线主要由上料装置、压力机、模具和卸料装置组成。电机定转子冲压试验方法为:调节主滑块高度,并将模具安装在工作台面上;进行高速重载机械压力机调试,并与上料装置相连接,进行单次冲压;调试上料机运行速度,进行连续冲压;通过筛选装置将定子和转子分离输出。电机定转子冲压试验现场如图 6.2.10 所示。

（a）试验现场

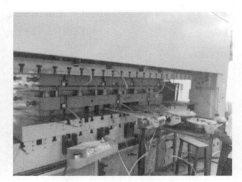
（b）连续冲压

（c）定子

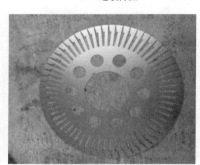
（d）转子

图 6.2.10　电机定转子冲压试验现场

6.2.4.2　试验结果分析

　　根据上料装置速度和产品加工工艺要求，电机定转子冲压时压力机运行速度为 60 r/min，试验结果如图 6.2.11 所示。从图中可以看出，工作载荷对传动机构动态性能影响很大。在冲压过程中，主滑块加速度曲线产生较大的波动，其加速度峰值为 10.12 m/s^2。产生这种现象的原因是冲压瞬间负载作用力的增加，主滑块加速度也随之改变，冲压完成后波动明显减小。此外，电机定子和转子冲压产品外形完整，表面光滑没有毛刺，且对称均匀分布，这可以表明冲压成形效果较好。在整个试验过程中，高速重载机械压力机操作简单，且机器运行平稳，从而验证了高速重载机械压力机关键技术的研究具有较高的实用价值。

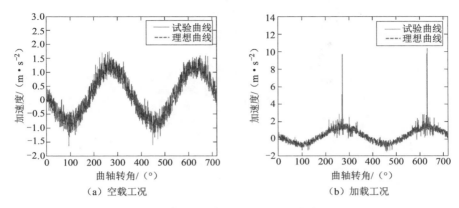

图 6.2.11 压力机冲压试验测试结果

6.3 本章小结

本章完成了试验样机的制造、装配与调试，并建立了高速重载机械压力机的性能测试平台。在性能测试平台上，针对本书理论分析内容，开展了高速重载机械压力机性能试验研究。对主滑块的加速度、主滑块的动态精度以及曲轴关键部位温升进行了试验研究，试验结果与理论分析结果保持了较高的一致性，从而验证了本书相关建模方法的正确性和理论研究的有效性。在此基础上，以电机定转子冲压过程为研究对象，进行了高速重载机械压力机的冲压试验。试验结果表明，在整个试验过程中，高速重载机械压力机运行平稳，且产品加工精度满足要求。此外，试验研究为高速重载机械压力机关键技术在实际工程中的应用奠定了基础。

7 结 束 语

7.1 全书总结

随着现代制造技术的迅速发展，机械压力机向着高效率、高精度和高负载的方向迈进，而高速重载机械压力机的运行稳定性问题已成为学者关注的焦点。本书结合理论分析和试验研究，对高速重载机械压力机的传动机构运动学特性、含间隙传动机构动态特性以及支承轴承动力学特性等关键问题进行了深入研究，为高速重载机械压力机设计与性能分析奠定了理论基础。本书的主要工作和研究内容如下：

（1）针对高速重载机械压力机结构特点，对传动机构进行了运动学和动力学分析。

根据高速重载机械压力机工作原理和性能指标，建立了高速重载机械压力机传动机构的运动学和动力学分析模型，进行不同工况下传动机构的性能计算和分析。在此基础上，研究了曲轴转速和冲击载荷对传动机构运动轨迹的影响。基于达朗贝尔原理，建立了高速重载机械压力机传动机构动力学分析模型，并分析了高速重载机械压力机曲轴的承载能力。

（2）对转动副间隙碰撞过程进行了研究，建立了含间隙传动机构动力学模型。

考虑碰撞体接触表面的弹性变形影响，建立了转动副间隙的数学模型，对已有的传统接触碰撞力模型优缺点进行了对比分析，并基于 Lankarani -Nikravesh 接触碰撞力模型研究了模型参数（如间隙尺寸、恢复系数等）对含间隙转动副接触碰撞过程的影响。在此基础上，建立了考虑接触力和摩擦力的含间隙传动机构动力学模型，并研究了转动副间隙对传动机构动力学特性的影响。

（3）研究了柔性构件对传动机构动力学特性的影响，并对其进行了定量分析。

在含间隙传动机构动力学研究的基础上，考虑构件柔性特征的影响，建立了高速重载机械压力机传动机构的刚柔耦合分析模型。通过试验验证了该建模方法的正确性和有效性，详细分析了构件柔性、间隙尺寸和曲轴转速对高速重载机械压力机动态特性的影响。在此基础上，定义了分析高速重载机械压力机传动机构动态特性的无量纲影响指标，并对传动机构动态特性进行了定量分析。

（4）考虑气穴效应影响，建立了支承轴承动力学特性分析模型。

根据高速重载机械压力机曲轴支承轴承的工作特点，考虑了气穴效应的影响，建立了基于计算流体动力学理论的支承轴承多相流计算模型，并通过试验验证了该模型的正确性和有效性，为准确地进行支承轴承的动力学特性分析奠定基础。进一步，考虑了热弹性变形的影响，建立了支承轴承的流固耦合分析模型，并对不同油槽结构参数的支承轴承动力学特性进行了详细的分析，得到相关参数对支承轴承性能的影响规律。

（5）建立了高速重载机械压力机性能试验平台，并对其进行了试验研究。

为了验证本书所建立数学模型及理论分析结果的正确性，建立了高速重载机械压力机性能测试平台，对高速重载机械压力机主滑块加速度、主滑块动态精度和曲轴温升进行实际测量。试验结果与理论分析结果吻合度较高，验证了前文数学模型建立方法和理论分析结果的正确性。此外，通过电机定转子的冲压成形试验，揭示了高速重载机械压力机关键技术研究的实用性。

7.2 主要贡献和创新点

（1）考虑了转动副间隙和柔性构件的影响，建立了新的高速重载机械压力机传动机构动力学分析模型，该模型能更为精确地描述传动机构动态特性，并提出了传动机构动态特性的定量分析方法，为高速重载机械压力机性能分析提供新思路。

（2）考虑了气穴效应的影响，提出了一种适用于高速重载机械压力机支承轴承动力学特性的分析方法，揭示了模型参数（油槽结构、偏心率等）对支承轴承动力学特性的影响规律，为高速重载机械压力机支承轴承的设计提供了参考。

（3）完成了公称压力 7 500 kN、行程次数 180 spm 的高速重载机械压力机样机的研制，并进行了高速重载机械压力机性能试验，验证了研究成果的正确性和有效性，为高速重载机械压力机关键技术的研究提供了一种新途径。

7.3 研究展望

高速重载机械压力机关键技术研究工作是一个相对复杂的过程，受设计方法及制造工艺等众多因素影响，回顾整个研究工作，仍有以下几个方面尚存不足，亟待后续进一步深入研究：

（1）在本书含间隙高速重载机械压力机传动机构动态特性的研究中，只考虑了转动副间隙碰撞过程和柔性构件的影响，而机构磨损特性问题将是未来研究的一个热点，对转动副和传动机构的磨损特性还需要进行深入研究。

（2）动力学特性是高速重载机械压力机支承轴承润滑性能的一个重要指标，需要进一步考虑润滑系统湍流、惯性力和表面粗糙度等因素的影响，建立更完善的支承轴承润滑性能分析模型，并设计相关性能试验，更好地为支承轴承的设计提供参考。

（3）结合高速重载机械压力机性能试验，进一步对高速重载机械压力机的动力学性能和驱动性能进行研究，以获得更好的加工精度，并完善高速重载机械压力机的研制方法。

参 考 文 献

［1］ 邓明，胡根明，吕琳，等. 精冲压力机的现在及发展趋势 ［J］. 锻压技术，2016，
   8（41）：1－6.

［2］ 闵鹏，李广平，闵建成. 多工位压力机发展研究 ［J］. 锻压装备及制造技术，
   2013，9（3）：9－13.

［3］ 鹿新建. 高速精密压力机多连杆驱动机构研究 ［D］. 南京：南京农业大学，2012.

［4］ 王敏，张春，张宇. 汽车高强钢纵梁冲压试验研究 ［J］. 中国机械工程，27（3）：
   391－397.

［5］ Bai ZF, Sun Y. A study on dynamics of planar multibody mechanical systems with multi-
   ple revolute clearance joints ［J］. European Journal of Mechanics A/Solids, 2016, 60:
   95－111.

［6］ Xu LX, Yang YH, Li YG. Modeling and analysis of planar multibody systems containing
   the deep groove ball with clearance ［J］. Mechanism and Machine Theory, 2012, 56:
   69－88.

［7］ 陈静，彭博，王登峰. 单片冲压式汽车下控制臂轻量化优化设计 ［J］. 同济大学学
   报（自然科学版），2018，46（3）：389－393.

［8］ Wang XP, Liu G, Ma SJ. Dynamic analysis of planar mechanical systems with clearance
   joints using a new nonlinear contact force model ［J］. Journal of Mechanical Science and
   Technology, 2016, 30（4）：1537－1545.

［9］ 朱梅云，李光辉. 基于汽车轻量化的变厚板技术研究 ［J］. 锻压装备与制造技术，
   2017，52（5）：52－53.

［10］ 邓长勇，董绍江，谭伟. 某新能源汽车轻量化地板件冲压成形参数设计及优化
   ［J］. 锻压技术，2018，43（10）：68－75.

［11］ Xu LX. A method for contact analysis of revolute joints with non－circular clearance in a
   planar multibody system ［J］. Proceedings of the Institution of Mechanical Engineers Part
   K: Journal of Multi－body Dynamics, 2016, 230（4）：589－605.

[12] 韦韡，李恒佰，张峰. 汽车冲压零件的设备许用载荷分析 [J]. 锻压技术，2017，42（9）：87 - 90.

[13] 张宜生，王子健，王梁. 高强钢热冲压成形工艺及装备进展 [J]. 塑性工程学报，2018，25（5）：11 - 23.

[14] Tian Q，Lou J，Mikkola A. A new elastohydrodynamic lubricated spherical joint model for rigid - flexible multibody dynamic [J]. Mechanism and Machine Theory，2017，107：210 - 228.

[15] 白勇军. 大型重载伺服机械压力机关键技术及试验研究 [D]. 上海：上海交通大学，2012.

[16] 丁键，赵宇，吴洪涛，等. 含多运动副间隙机构动态特性研究 [J]. 组合机床与自动化加工技术，2014，（5）：9 - 13.

[17] 赵升吨，袁建华，郝永江. 现代高速压力机的特点探讨 [J]. 锻造与冲压，2005，（8）：24 - 29.

[18] 李烨健，孙宇，胡峰峰，等. 高速机械压力机综合动平衡优化研究 [J]. 华中科技大学学报（自然科学版），2016，44（6）：24 - 28.

[19] 宋清玉. 大型机械伺服压力机的关键技术及其应用研究 [D]. 秦皇岛：燕山大学，2014.

[20] 白争锋，赵阳，赵志刚. 考虑运动副间隙的机构动态特性研究 [J]. 振动与冲击，2011，30（11）：17 - 20.

[21] Zhang XC，Zhang XM. A comparative study of planar 3 - RRR and 4 - RRR mechanisms with joint clearances [J]. Robotics and Computer - Integrated Manufacturing，2016，40：24 - 33.

[22] Zhang JR，Guo ZX，Zhang Y. Dynamic characteristics of vibration isolation platforms considering the joints of the struts [J]. Acta Astronautica，2016，126：120 - 137.

[23] Lai XM，He H，Lai QF. Computational prediction and experimental validation of revolute joint clearance wear in the low - velocity planar mechanism [J]. Mechanical Systems and Signal Processing，2017，85：963 - 976.

[24] 许立新，李永刚. 含关节滚动轴承的多体系统碰撞动力学研究 [J]. 振动工程学报，2013，26（2）：246 - 251.

[25] Bai ZF，Liu YQ，Sun Y. Investigation on dynamic responses of dual - axis positioning mechanism for satellite antenna considering joint clearance [J]. Journal of Mechanical Science and Technology，2015，29（2）：453 - 460.

[26] 王磊. 高速压力机的动态精度分析与误差补偿 [D]. 南京：东南大学，2012.

［27］ Zheng EL, Zhou XL, Zhu SH. Dynamic response analysis of block foundations with nonlinear dry friction mounting system to impact loads ［J］. Journal Mechanical Science and Technology, 2014, 28 (7): 2535 – 2548.

［28］ Zheng EL, Jia F, Zhou SH. Thermal modeling and characteristics analysis of the high speed press system ［J］. International Journal of Machine Tools and Manufacture, 2014, 85: 87 – 99.

［29］ Chen GS, Qian LF, Ma J. Smoothed FE – Meshfree method for solid mechanics problems ［J］. Acta Mechanica, 2018, 229: 2597 – 2618.

［30］ 贾方. 闭式高速精密压力机动力学关键技术研究 ［D］. 南京: 东南大学, 2010.

［31］ Zheng EL, Zhu R, Zhu SH. A study on dynamics of flexible multi – link mechanism including joints with clearance and lubrication for ultra – precision presses ［J］. Nonlinear Dynamics, 2016, 83: 137 – 159.

［32］ Cui SH, Gu L, Wang LQ. Numerical analysis on the dynamic contact behavior of hydrodynamic journal bearings during star – up ［J］. Tribology International, 2018, 121: 260 – 268.

［33］ Hu FF, Sun Y, Peng BB. Elastic dynamic research of high – speed multi – link precision press considering structural stiffness of rotation joints ［J］. Journal of Mechanical Science and Technology, 2016, 30 (10): 4657 – 4667.

［34］ 高峰. 机构学研究现状与发展趋势的思考 ［J］. 机械工程学报, 2005, 41 (8): 3 – 17.

［35］ 曾梁彬. 新型肘杆式高速压力机关键技术研究 ［D］. 南京: 南京理工大学, 2012.

［36］ 张方阳. 伺服压力机关键技术及伺服拉深工艺研究 ［D］. 广州: 华南理工大学, 2014.

［37］ 陈岳云. 多连杆伺服压力机动态性能分析与设计研究 ［D］. 上海: 上海交通大学, 2008.

［38］ Zheng EL, Zhu R, Zhu S, et al. A study on dynamics of flexible multi – link mechanism including joints with clearance and lubrication for ultra – precision presses ［J］. Nonlinear Dynamics, 2016, 83: 137 – 159.

［39］ Gertzos KP, Nikolakopoulos PG, Papadopoulos CA. CFD analysis of journal bearing hydrodynamic lubrication by Bingham lubricant ［J］. Tribology International, 2008, 41: 1190 – 1204.

［40］ 李烨键. 多杆高速机械压力机关键技术研究 ［D］. 南京: 南京理工大学, 2016.

［41］ Esmaeil S, Saeed E, Mohsen M. Nonlinear vibration analysis of mechanical systems with multiple joint clearances using the method of multiple scales ［J］. Mechanism and Machine Theory, 2016, 105：495 – 509.

［42］ 周宇. 主被动符合驱动的高速精密冲床机构的设计研究 ［D］. 南京：南京理工大学, 2015.

［43］ Ting KL, Hsu KL, Yu ZT. Clearance – induced output position uncertainty of planar linkages with revolute and prismatic joints ［J］. Mechanism and Machine Theory, 2017, 111：66 – 75.

［44］ Tian Q, Liu C, Machado M, et al. A new model for dry and lubricated cylindrical joints with clearance in spatial flexible multibody systems ［J］. Nonlinear Dynamics, 2011, 64：25 – 47.

［45］ 张明书, 徐自力, 漆小兵, 等. 大型动压滑动轴承动态特性系数辨识研究 ［J］. 西安交通大学学报, 2010, 44 (7)：75 – 78.

［46］ 张慧博, 王然, 陈子坤, 等. 考虑多间隙耦合关系的齿轮系统非线性动力学分析 ［J］. 振动与冲击, 2015, 34 (8)：144 – 149.

［47］ Wang Y, Li FM. Nonlinear dynamics modeling and analysis of two rods connected by a joint with clearance ［J］. Applied Mathematical Modelling, 2015, 39：2518 – 2527.

［48］ 陈浩, 孙宇, 丁武学. 基于故障信息与状态信息的高速冲床可靠性建模 ［J］. 制造技术与基础, 2016, 10：81 – 86.

［49］ Bauchau OA, Rodriguez J. Modeling of joints with clearance in flexible multibody systems ［J］. International Journal of Solids and Structures, 2002, 39：41 – 63.

［50］ 孟凡明. 水润滑轴承系统三维热弹流性能有限元分析 ［J］. 重庆大学学报, 2013, 36 (2)：121 – 126.

［51］ Zheng EL, Jia F, Zhang JF, et al. Dynamic modelling and response analysis of closed high – speed press system ［J］. Proceedings of the Institution of Mechanical Engineers Part K：Journal of Multi – body Dynamics, 2012, 226 (4)：315 – 330.

［52］ Ma J, Qian LF. Modeling and simulation of planar multibody systems considering multiple revolute clearance joints ［J］. Nonlinear dynamics, 2017, 90：1907 – 1940.

［53］ Rahmanian S, Ghazavi MR. Bifurcation in planar slider – crank mechanism with revolute clearance joint ［J］. Mechanism and Machine Theory, 2015, 91：86 – 101.

［54］ 程颖, 宋潇, 孙善超. 曲轴系柔性多体动力学与动力润滑耦合仿真 ［J］. 北京理工大学学报, 2006, 26 (4)：314 – 317.

［55］ Gonzalez M, Gonzalez F, Luaces A, et al. Interoperability and neutral data formats in multibody system simulation ［J］. Multibody System Dynamics, 2007, 18：59 – 72.

［56］白争锋，赵阳，田浩. 含铰间间隙太阳帆板展开动力学仿真［J］. 哈尔滨工业大学学报，2009，41（3）：11－14.

［57］智常建，王三民，孙远涛. 运动副间隙对多杆锁机构动力学特性的影响［J］. 哈尔滨工业大学学报，2014，46（8）：102－106.

［58］赵波，戴旭东，张执南，等. 柔性对多体系统中铰接副磨损的影响［J］. 摩擦学学报，2014，34（6）：705－714.

［59］Lankarani HM, Nikravesh PE. A contact force model with hysteresis damping for impact analysis of multibody systems［J］. Journal of Mechanical Design, 1990, 112：369－376.

［60］Flores P, Ambrosio J, Claro JP. Dynamic analysis for planar multibody mechanical systems with lubricated joints［J］. Multibody System Dynamics, 2004, 12：47－74.

［61］Bai ZF, Zhao Y. A hybrid contact force model of revolute joint with clearance for planar mechanical systems［J］. International Journal of Non－Linear Mechanics, 2013, 48：15－36.

［62］Tian Q, Sun Y, Liu C, et al. Elastohydrodynamic lubricated cylindrical joints for rigid－flexible multibody dynamics［J］. Computers & Structures, 2013, 114：106－120.

［63］Gummer A, Sauer B. Modeling planar slider－crank mechanisms with clearance joints in RecurDyn［J］. Multibody System Dynamics, 2014, 31：127－145.

［64］Alves J, Peixinho N, Sliva MT. A comparative study of the viscoelastic constitutive models for frictionless contact interfaces in solids［J］. Mechanism and Machine Theory, 2015, 94：148－164.

［65］Ma J, Qian LF, Chen GS. A comparative study of the viscoelastic constitutive models for frictionless contact interfaces in solids［J］. Mechanism and Machine Theory, 2015, 94：148－164.

［66］Ravn P. A continuous analysis method for planar multibody systems with joint clearance［J］. Multibody System Dynamics, 1998, 2：1－24.

［67］Tian Q, Xiao QF, Sun YL, et al. Coupling dynamics of a geared multibody system supported by Elastohydrodynamic lubricated cylindrical joints［J］. Multibody System Dynamics, 2015, 33：259－284.

［68］Flores P, Lankarani HM. Dynamic response of multibody systems with multiple clearance joints［J］. Journal of Computational and Nonlinear Dynamics, 2012, 7（3）：1－13.

［69］段玥晨，章定国. 基于弹塑性接触的柔性多体系统碰撞动力学［J］. 南京理工大学学报（自然科学版），2012，36（2）：189－194.

［70］许立新，李永刚，李充宁. 轴承间隙及柔性特征对机构动态误差的影响分析［J］. 机械工程学报，2012，48（7）：30－36.

［71］郭惠昕，岳文辉. 含间隙平面连杆机构运动精度的稳健优化设计［J］. 机械工程学报，2012，48（3）：75－81.

［72］Bai ZF, Zhao Y, Chen J. Dynamics analysis of planar mechanical system considering revolute clearance joint wear［J］. Tribology International，2013，64：85－95.

［73］吴洋洋，赵宇，吴洪涛，等. 运动副间隙对高速精密压力机振动的影响［J］. 锻压技术，2013，38（1）：103－107.

［74］赵波，戴旭东，张执南，等. 柔性多体系统中间间隙铰接副的磨损预测［J］. 摩擦学学报，2013，33（6）：638－644.

［75］Erkaya S, Uzmay I. Modeling and simulation of joint clearance effects on mechanisms having rigid and flexible links［J］. Journal of Mechanical Science and Technology，2014，28（8）：2979－2986.

［76］Dubowsky S, Norris M, Aloni E. An analytical and experimental study of the prediction of impacts in planar mechanical systems with clearances［J］. Journal of Mechanisms, Transmissions and Automation in Design，1984，106：444－451.

［77］Schwab AL, Meijaard JP, Meijers P. A comparison of revolute joint clearance models in the dynamic analysis of rigid and elastic mechanical systems［J］. Mechanism and Machine Theory，2002，37：895－913.

［78］张义民，黄贤振，张旭方，等. 含运动副间隙平面机构位姿误差分析［J］. 东北大学学报（自然科学版），2008，29（8）：1147－1150.

［79］Flores P. A parametric study on the dynamic response of planar multibody systems with multiple clearance joints［J］. Nonlinear Dynamics，2010，61：633－653.

［80］Zhao Y, Bai ZF. Dynamics analysis of space robot manipulator with joint clearance［J］. Acta Astronautica，2011，68：1147－1155.

［81］隋立起，郑钰琪，王三民. 刚柔耦合多体系统的冲击响应分析方法及应用研究［J］. 振动与冲击，2012，31（15）：26－35.

［82］Muvengei O, Kihiu J, Ikua B. Numerical study of parametric effects on the dynamic response of planar multi－body systems with differently located frictionless revolute clearance joints［J］. Mechanism and Machine Theory，2012，53：30－49.

［83］Zheng EL, Zhou X. Modeling and simulation of flexible slider－crank mechanism with clearance for a closed high speed press system［J］. Mechanism and Machine Theory，2014，74：10－30.

［84］ Scheichl B, Neacsu IA, Kluwick A. A novel view on lubricant flow undergoing cavitation in sintered journal bearings ［J］. Tribology International, 2015, 88: 189 – 208.

［85］ 马石磊, 马求山, 王琳, 等. 高速动静压轴承主轴系统动特性测试研究 ［J］. 西安交通大学学报, 2011, 45 (5): 52 – 58.

［86］ Wang XL, Zhang JY, Dong H. Analysis of bearing lubrication under dynamic loading considering micropolar and cavitating effects ［J］. Tribology International, 2011, 44: 1071 – 1075.

［87］ Lin QY, Wei ZY, Wang N, et al. Analysis on the lubrication performances of journal bearing system using computational fluid dynamics and fluid – structure interaction considering thermal influence and cavitation ［J］. Tribology International, 2013, 64: 8 – 15.

［88］ Tower B. First report on friction experiments ［J］. Proceedings of the Institution of Mechanical Engineers, 1983, 34: 632 – 659.

［89］ Reynolds O. On the theory of lubrication and its application to Mr. Tower's experiments ［J］. Philosophical Transactions and Royal Society, 1886, 177: 157 – 234.

［90］ Sommerfeld A. Über das wechselfeld und den wechselstromwiderstand von spulen und rollen ［J］. Annalen Der Physik, 1904, 320 (14): 673 – 708.

［91］ Christopherson DG. A new mathematical method for the solution of film lubrication problem ［J］. Proceedings of the Institution of Mechanical Engineers, 1941, 146: 126 – 135.

［92］ Cole JA. An experimental investigation of temperature effects in journal bearings ［C］. Proceedings of Conference on Lubrication and Wear, London, 1957.

［93］ Dowson D, Hudson JD, Hunter B, et al. An experimental investigation of the thermal equilibrium of steadily load journal bearings ［J］. Proceedings of the Institution of Mechanical Engineers, 1966, 181: 70 – 80.

［94］ Kunz RF, Boger DA, Stinebring DR, et al. A preconditioned Navier – Stokes method for two – phase flows with application to cavitation prediction ［J］. Computers and Fluids, 2000, 29: 849 – 875.

［95］ 张青雷, 卢修连, 朱均. 边界条件对滑动轴承性能的影响 ［J］. 润滑与密封, 2002, (5): 12 – 13.

［96］ 王晓力, 朱克勤. 计入应力偶效应和空号效应的滑动轴承热流体动力润滑数值研究 ［J］. 工程力学, 2002, 19 (5): 160 – 164.

［97］ 苏茳, 王小静, 张直明. 滑动轴承两种油膜边界条件的比较 ［J］. 润滑与密封, 2002, (5): 3 – 5.

[98] 戴旭东，马雪芬，赵三星，等. 曲轴主轴承油膜动力润滑与系统动力学的耦合分析 [J]. 内燃机学报，2003，23 (1)：86 - 90.

[99] 孙军，桂长林，潘忠德. 内燃机曲轴 - 轴承系统曲轴变形引起的轴承润滑状态变化对曲轴强度的影响 [J]. 机械工程学报，2006，42 (10)：109 - 114.

[100] Fatu A, Hajjam M, Bonneau D. A new model of thermoelastohydrodynamic lubrication in dynamically loaded journal bearings [J]. Journal of Tribology, 2006, 128：85 - 95.

[101] 王康，张卫正，郭良平，等. 内燃机连杆大头轴承润滑 CFD 分析 [J]. 内燃机学报，2006，24 (2)：173 - 178.

[102] 唐倩，方志勇，朱才朝，等. 滑动轴承油膜压力及合金层应力分布 [J]. 中南大学学报 (自然科学版)，2008，39 (4)：776 - 780.

[103] Shenoy BS, Pai RS, Rao DS, et al. Elasto - hydrodynamic lubrication analysis of full 360° journal bearing using CFD and FSI techniques [J]. World Journal of Modelling and Simulation, 2009, 5 (4)：315 - 320.

[104] 张楚，杨建刚，郭瑞，等. 基于两相流理论的滑动轴承流场计算分析 [J]. 中国电机工程学报，2010，30 (29)：80 - 84.

[105] Sfyris D, Chasalevris A. An exact analytical solution of the Reynolds equation for the finite journal bearing lubrication [J]. Tribology International, 2012, 55：46 - 58.

[106] 李强，刘淑莲，于桂昌，等. 非线性转子 - 轴承耦合系统润滑及稳定性分析 [J]. 浙江大学学报 (工学版)，2012，46 (10)：1729 - 1736.

[107] 孟凡明，陈原培，杨涛. CFX 和 Fluent 在径向滑动轴承润滑计算中的异同讨论 [J]. 重庆大学学报，2013，36 (1)：7 - 14.

[108] Aksoy S, Aksit MF. A fully coupled 3D thermo - elastohydrodynamics model for a bump - type compliant foil journal bearing [J]. Tribology International, 2015, 82：110 - 122.

[109] Vincent B, Maspeyrot P, Frene J. Cavitation in dynamically loaded journal bearings using mobility method [J]. Wear, 1996, 193：155 - 162.

[110] Guo Z, Hirano T, Kirk RG. Application of CFD analysis for rotating machinery Part Ⅰ：Hydrodynamic, hydrostatic bearings and squeeze film damper [J]. Journal of Engineering for Gas Turbines and Power, 2005, 127：445 - 451.

[111] 秦瑶，张志明，周琼，等. 油沟结构参数对滑动轴承性能的影响 [J]. 华东理工大学学报 (自然科学版)，2010，36 (5)：125 - 131.

[112] Boubendir S, Larbi S, Bennacer R. Numerical study of the thermo - hydrodynamic lubrication phenomena in porous journal bearings [J]. Tribology International, 2011,

44：1 – 8.

[113] Chauhan A, Sehgal R, Sharma RK. Investigations on the thermal effects in non – circular journal bearings [J]. Tribology International, 2011, 44：1765 – 1773.

[114] 赵小勇, 孙军, 刘利平, 等. 不同工况下内燃机曲轴轴承的润滑性能 [J]. 内燃机学报, 2011, 29 (4)：348 – 354.

[115] 钟崴, 崔敏, 童水光. 油膜润滑条件下滑动轴承变形与应力数值模拟 [J]. 浙江大学学报 (工学版), 2012, 46 (7)：1227 – 1232.

[116] 王丽丽, 路长厚, 马金奎, 等. 滑动轴承二维流场的滑移现象研究 [J]. 机械工程学报, 2012, 48 (7)：102 – 112.

[117] 孟凡明, 隆涛, 高贵响, 等. 气穴对滑动轴承摩擦学性能影响的 CFD 分析 [J]. 重庆大学学报, 2013, 36 (7)：6 – 11.

[118] Chasalevris A, Sfyris D. Evaluation of the finite journal bearing characteristics, using the exact analytical solution of the Reynolds equation [J]. Tribology International, 2013, 57：216 – 234.

[119] 周广武, 王家序, 李俊阳, 等. 低速重载条件下润滑橡胶合金轴承摩擦噪声研究 [J]. 振动与冲击, 2013, 32 (20)：14 – 17.

[120] Flores P, Koshy CS, Lankarani HM, et al. Numerical and experimental investigation on multibody systems with revolute clearance joints [J]. Nonlinear Dynamics, 2011, 65：383 – 398.

[121] Erkaya S. Prediction of vibration characteristics of a planar mechanism having imperfect joints using neural network [J]. Journal of Mechanical Science and Technology, 2012, 26 (5)：1419 – 1430.

[122] Koshy CS, Flores P, Lankarani HM. Study of the effect of contact force model on the dynamic response of mechanical systems with dry clearance joints：computational and experimental approaches [J]. Nonlinear Dynamics, 2013, 73：325 – 338.

[123] Dubowsky S, Moening MF. An experimental and analytical study of impact forces in elastic mechanical systems with clearances [J]. Mechanism and Machine Theory, 1978, 13：451 – 465.

[124] Khemili I, Romdhane L. Dynamic analysis of a flexible slider – crank mechanism with clearance [J]. Eurpean Journal of Mechanics A/Solids, 2008, 27：882 – 898.

[125] Flores P. Dynamic analysis of mechanical systems with imperfect kinematic joints [D]. Portugal：Universidade Do Minho, 2004.

[126] Erkaya S, Uzmay I. Experimental investigation of joint clearance on dynamics of a sli-

der – crank mechanism ［J］. Multibody System Dynamics, 2010, 24: 81 – 102.

［127］ 王尚斌, 孙宇, 张新洲. 高速压力机动态精度测量方法研究 ［J］. 中国机械工程, 2014, 25 （17）: 2391 – 2395.

［128］ Tian Q, Flores P, Lankarani HM. A comprehensive survey of the analytical, numerical and experimental methodologies for dynamics of multibody mechanical systems with clearance or imperfect joints ［J］. Mechanism and Machine Theory, 2018, 122: 1 – 57.

［129］ Chen Y, Sun Y, Cao CP. Investigations on influence of groove shapes for the journal bearing in high speed and heavy load press system ［J］. Industrial Lubrication and Tribology, 2018, 70 （1）: 230 – 240.

［130］ Chen Y, Sun Y, Ding WX. Thermo – mechanical coupling model and dynamical characteristics of press actuator ［C］. 11th International Conference on Technology of Plasticity, Nagoya, 2014.

［131］ Zheng EL, Jia F, Zhang ZS, et al. Dynamic modeling and response analysis of closed high – speed press system ［J］. Proceedings of the Institution of Mechanical Engineers, Part K: Journal of Multi – body Dynamics, 2012, 226: 315 – 330.

［132］ Chen Y, Sun Y, Yang D. Investigations on dynamic characteristics of planar slider – crank mechanism for a high – speed press system that considers joint clearance ［J］. Journal of Mechanical Science and Technology, 2017, 31 （1）: 75 – 85.

［133］ 刘延柱. 高等动力学 ［M］. 北京: 高等教育出版社, 2001.

［134］ 陈立平, 张云清, 任卫群, 等. 机械系统动力学分析及 ADAMS 应用教程 ［M］. 北京: 清华大学出版社, 2005.

［135］ 张策. 机械动力学 ［M］. 2 版. 北京: 高等教育出版社, 2000.

［136］ 曾梁彬, 孙宇, 彭斌彬, 等. 基于振动响应的一般平面机构动平衡方法 ［J］. 中国机械工程, 2012, 23 （13）: 1524 – 1528.

［137］ 刘鸿文. 材料力学 ［M］. 4 版. 北京: 高等教育出版社, 2004.

［138］ Yaqubi S, Dardel M, Daniali HM, et al. Modeling and control of crank – slider mechanism with multiple clearance joints ［J］. Multibody System Dynamics, 2016, 36: 143 – 167.

［139］ 曾梁彬, 孙宇, 彭斌彬. 基于动态响应的高速压力机综合平衡优化 ［J］. 中国机械工程, 2010, 21 （18）: 2143 – 2147.

［140］ 白争锋. 含间隙机构接触碰撞动力学研究 ［D］. 哈尔滨: 哈尔滨工业大学, 2007.

［141］ 段玥晨. 考虑刚柔耦合效应的柔性多体系统碰撞动力学研究 ［D］. 南京: 南京

理工大学，2012．

［142］田强，张云清，陈立平，等．柔性多体系统动力学绝对节点坐标方法研究进展
［J］．力学进展，2010，40（2）：189 - 202．

［143］张游．考虑运动副间隙的曲柄滑块机构动力学建模与分析［D］．哈尔滨：哈尔
滨工业大学，2012．

［144］田强．基于绝对节点坐标方法的柔性多体系统动力学研究与应用［D］．武汉：
华中科技大学，2009．

［145］白争锋，赵阳，田浩．柔性多体系统碰撞动力学研究［J］．振动与冲击，2009，
28（6）：75 - 78．

［146］Daniel GB, Cavalca KL. Analysis of the dynamics of a slider - crank mechanism with
hydrodynamic lubrication in the connecting rod - slider joint clearance［J］. Mechanism
and Machine Theory, 2011, 46：1434 - 1452．

［147］Reis VL, Daniel GB, Cavalca KL. Dynamic analysis of a lubricated planar slider -
crank mechanism considering friction and Hertz contact effects［J］. Mechanism and
Machine Theory, 2014, 74：257 - 273．

［148］Flores P, Ambrosio J. Revolute joints with clearance in multibody systems［J］. Com-
puters & Structures, 2004, 82：1359 - 1369．

［149］Xu LX, Yang YH. Modeling a non - ideal rolling ball bearing joint with localized defects
in planar multibody systems［J］. Multibody System Dynamics, 2015, 35：409 - 426．

［150］Li YY, Chen GP, Sun DY, et al. Dynamic analysis and optimization design of a pla-
nar slider - crank mechanism with flexible components and two clearance joints［J］.
Mechanism and Machine Theory, 2016, 99：37 - 57．

［151］Chen Y, Sun Y, Peng B, et al. A comparative study of joint clearance effects on dy-
namic behavior of planar multibody mechanical systems［J］. Latin American Journal of
Solid and Structures, 2016, 13：2815 - 2833．

［152］Erkaya S. Investigation of balancing problem for a planar mechanism using genetic algo-
rithm［J］. Journal of Mechanical Science and Technology, 2013, 27（7）：2153 -
2160．

［153］Olyaei AA, Gahazavi MR. Stabilizing slider - crank mechanism with clearance joints
［J］. Mechanism and Machine Theory, 2012, 53：17 - 29．

［154］Tian Q, Zhang Y, Chen L. Simulation of planar flexible multibody systems with clear-
ance and lubricated revolute joints［J］. Nonlinear Dynamics, 2010, 60：489 - 511．

［155］Ravn P. A continuous analysis method for planar multibody systems with joint clearance

［J］. Multibody System Dynamics，1998，2：1 – 24.

［156］ Erkaya S，Uzmay I. A neural – genetic（NN – GA）approach for optimizing mechanisms having joints with clearance ［J］. Multibody System Dynamics，2008，20：69 – 83.

［157］ 白争锋. 考虑铰间间隙的机构动力学特性研究 ［D］. 哈尔滨：哈尔滨工业大学，2011.

［158］ Flores P，Ambrosio J. On the contact detection for contact – impact analysis in multibody systems ［J］. Multibody System Dynamics，2010，24：103 – 122.

［159］ Machado M，Moreira P，Flores P，et al. Compliant contact force models in multibody dynamics：Evolution of the Hertz contact theory ［J］. Mechanism and Machine Theory，2012，53：99 – 121.

［160］ Zhang ZH，Xu L，Flores P，et al. A kriging model for dynamics of mechanical systems with revolute joint clearances ［J］. Journal of Computational and Nonlinear Dynamics，2014，9：1 – 13.

［161］ Bai ZF，Zhao Y. Dynamic behavior analysis of planar mechanical systems with clearance in revolute joints using a new hybrid contact force model ［J］. Journal of Mechanical Science and Technology，2012，54：190 – 205.

［162］ Flores P，Machado M，Silva MT，et al. On the continuous contact force models for soft materials in multibody dynamics ［J］. Multibody System Dynamics，2011，25：357 – 375.

［163］ Flores P，Leine R，Glocker C. Modeling and analysis of planar rigid multibody systems with translational clearance joints based on the non – smooth dynamics approach ［J］. Multibody System Dynamics，2010，23：165 – 190.

［164］ Liu C，Tian Q，Hu HY. Dynamics and control of a spatial rigid – flexible multibody system with multiple cylindrical clearance joints ［J］. Mechanism and Machine Theory，2012，52：106 – 129.

［165］ Machado M，Costa J，Seabra E，et al. The effect of the lubricated revolute joint parameters and hydrodynamic force models on the dynamic response of planar multibody systems ［J］. Nonlinear Dynamics，2012，69：635 – 654.

［166］ Varedi SM，Daniali HM，Dardel M. Optimal dynamic design of a planar slider – crank mechanism with a joint clearance ［J］. Mechanism and Machine Theory，2015，86：191 – 200.

［167］ Bai ZF，Zhang HB，Sun Y. Wear prediction for dry revolute joint with clearance in multibody system by integrating dynamics model and wear model ［J］. Latin American

Journal of Solids and Structures, 2014, 11 (14): 2624 – 2647.

[168] Erkaya S, Dogan S. A comparative analysis of joint clearance effects on articulated and partly compliant mechanisms [J]. Nonlinear Dynamics, 2015, 81: 323 – 341.

[169] Flores P, Lankarani HM. Spatial rigid – multibody systems with lubricated spherical clearance joints: modeling and simulation [J]. Nonlinear Dynamics, 2010, 60 (1 – 2): 99 – 114.

[170] Tian Q, Zhang YQ, Chen LP, et al. Dynamics of spatial flexible multibody systems with clearance and lubricated spherical joints [J]. Computers and Structures, 2009, 87: 913 – 929.

[171] Askari E, Flores P, Dabirrahmani D, et al. Study of the friction – induced vibration and contact mechanics of artificial hip joints [J]. Tribology International, 2014, 70: 1 – 10.

[172] Chen Y, Sun Y, Chen C. Dynamic analysis of a planar slider – crank mechanism with clearance for a high speed and heavy load press system [J]. Mechanism and Machine Theory, 2016, 98: 81 – 100.

[173] Erkaya S, Dogan S, Ulus S. Effects of joint clearance on the dynamics of a partly compliant mechanism: Numerical and experimental studies [J]. Mechanism and Machine Theory, 2015, 88: 125 – 140.

[174] Muvengei O, Kihiu J, Ikua B. Dynamic analysis of planar multi – body systems with LuGre friction at differently located revolute clearance joints [J]. Multibody System Dynamics, 2012, 28: 15 – 33.

[175] Bai ZF, Zhao Y. Dynamics modeling and quantitative analysis of multibody systems including revolute clearance joint [J]. Precision Engineering, 2012, 36: 554 – 567.

[176] Yanada H, Sekikawa Y. Modeling of dynamic behaviors of friction [J]. Mechatronics, 2008, 18: 330 – 339.

[177] Flores P. Modeling and simulation of wear in revolute clearance joints in multibody systems [J]. Mechanism and Machine Theory, 2009, 44: 1211 – 1222.

[178] Erkaya S, Uzmay I. Effects of balancing and link flexibility on dynamics of a planar mechanism having joint clearance [J]. Scientia Iranica B, 2012, 19 (3): 483 – 490.

[179] Muvengei O, Kihiu J, Ikua B. Dynamic analysis of planar rigid – body mechanical systems with two – clearance revolute joints [J]. Nonlinear Dynamics, 2013, 73: 259 – 273.

[180] 张直明，张言羊，谢友柏，等. 滑动轴承的流体动力润滑理论 [M]. 北京：高等教育出版社，1986.

[181] 温诗铸，黄平. 摩擦学原理 [M]. 2版. 北京：清华大学出版社，2002.

[182] 于雪梅. 局部多孔质气体静压轴承关键技术的研究 [D]. 哈尔滨：哈尔滨工业大学，2007.

[183] Chauhan A, Sehgal R, Sharma RK. Thermohydrodynamic studies based on different grade oils in offset – halves journal bearing [J]. Lubrication Science, 2011, 23：375 – 392.

[184] Liu F, Lu Y, Zhang Q. Load performance analysis of three – pad fixing pad aerodynamic journal bearings with parabolic grooves [J]. Lubrication Science, 2015, 23：187 – 207.

[185] Zhang XL, Yin ZW, Gao GY, et al. Determination of stiffness coefficients of hydrodynamic water – lubricated plain journal bearings [J]. Tribology International, 2015, 85：37 – 47.

[186] Thomsen K, Klit P. A study on compliant layers and its influence on dynamic response of a hydrodynamic journal bearing [J]. Tribology International, 2011, 44：1872 – 1877.

[187] Pang X, Jin Chen J, Hussain SH. Numeric and experimental study of generalized geometrical design of a hydrodynamic journal bearing based on the general film thickness equation [J]. Journal of Mechanical Science and Technology, 2012, 26 (10)：3693 – 3701.

[188] Pang X, Jin Chen J, Hussain SH. Study on optimization of the circumferential and axial wavy geometrical configuration of hydrodynamic journal bearing [J]. Journal of Mechanical Science and Technology, 2012, 26 (10)：3693 – 3701.

[189] 李胜波，敖洪瑞，姜洪源，等. 深腔圆锥动静压混合轴承润滑特性 [J]. 哈尔滨工业大学学报，2013, 45 (1)：60 – 66.

[190] 童宝宏，桂长林，孙军，等. 计入热变形影响的内燃机主轴承热流体动力润滑分析 [J]. 机械工程学报，2007, 43 (6)：180 – 185.

[191] 王福军. 计算流体动力学分析：CFD软件原理与应用 [M]. 北京：清华大学出版社，2004.

[192] 魏立队，段树林，邢辉，等. 船舶柴油机主轴承热弹性流体动力混合润滑分析 [J]. 内燃机学报，2013, 31 (2)：182 – 191.

[193] 孟凡明，杨涛，秦洁. 表面微造型对滑动轴承气穴影响的探究 [J]. 四川大学学

报（工程科学版），2012，44（5）：213 – 219.

［194］ Li YZ，Zhou K，Zhang Z. A flow – difference feedback iteration method and its application to high – speed aerostatic journal bearings ［J］. Tribology International，2015，84：132 – 141.

［195］ Shyu SH，Jeng YR，Li F. A legendre collocation method for thermohydrodynamic journal – bearing problems with Elrod's cavitation algorithm ［J］. Tribology International，2008，41：493 – 501.

［196］ 王丽丽. 高速滑动轴承的界面滑移及空穴机理研究 ［D］. 济南：山东大学，2012.

［197］ Molka AH，Slim B，Mohamed M. Hydrodynamic and elastohydrodynamic studies of a cylindrical journal bearing ［J］. Journal of Hydrodynamics，2010，22（2）：155 – 163.

［198］ Chuanhan A，Sehgal R，Sharma PK. A study of thermal effects in an offset – halves journal bearing profile using different grade oils ［J］. Lubrication Science，2011，23：233 – 248.

［199］ Knight JD，Ghadimi P. Analysis and observation of cavities in a journal bearing considering flow continuity ［J］. Tribology Transactions，2001，44：88 – 96.

［200］ 林起崟，魏正英，王宁，等. 织构滑移表面对轴承承载能力和空穴的影响 ［J］. 华南理工大学学报（自然科学版），2013，41（11）：85 – 90.

［201］ 王丽丽，路长厚，张建川，等. 高速螺旋油楔滑动轴承空穴机理的试验研究 ［J］. 振动与冲击，2012，31（5）：1 – 5.

［202］ 张帆，钟海权，孙丽军，等. 大型重载滑动轴承润滑特性的理论与试验研究 ［J］. 西安交通大学学报，2014，48（5）：15 – 20.

［203］ Wu W，Xiong Z，Hu JB，et al. Application of CFD to model oil – air flow in a grooved two – disc system ［J］. International Journal of Heat and Mass Transfer，2015，91：293 – 301.

［204］ Dowson D，Taylor C. Cavitation in bearings ［J］. Journal of Fluid Mechanics，1979，11：35 – 66.

［205］ Mahdavi M，Sharifpur M，Meyer JP. CFD modeling of heat transfer and pressure drops for nanofluids through vertical tubes in laminar flow by Lagrangian and Eulerian approaches ［J］. International Journal of Heat and Mass Transfer，2015，88：803 – 813.

［206］ Deligant M，Podevin P，Descombes G. CFD model for turbocharger journal bearing performances ［J］. Applied Thermal Engineering，2011，31：811 – 819.

［207］ Gao SY, Cheng K, Chen SJ, et al. CFD based investigation on influence of orifice chamber shapes for the design of aerostatic thrust bearings at ultra – high speed spindles ［J］. Tribology International, 2015, 92: 211 – 221.

［208］ Shang Z, Lou J, Li HY. CFD analysis of bubble column reactor under gas – oil – water – solid four – phase flows using Lagrangian algebraic slip mixture model ［J］. Internationalal Journal of Multiphase Flow, 2015, 73: 142 – 154.

［209］ Kasolang S, Ahmad MA. Preliminary study of pressure profile in hydrodynamic lubrication journal bearing ［J］. Procedia Engineering, 2012, 41: 1743 – 1749.

［210］ 周忠宁. 对旋轴流风机流固耦合特性研究及其基于非线性动力学的应用 ［D］. 徐州：中国矿业大学, 2009.

［211］ 杨涛. 微造型对平行表面摩擦学性能影响及对发动机轴承改性研究 ［D］. 重庆：重庆大学, 2012.

［212］ 吴斌. 基于流固耦合方法的气浮轴承刚度优化设计与试验 ［D］. 哈尔滨：哈尔滨工业大学, 2013.

［213］ Yang J, Guo R, Tian Y. Hybrid radial basis function/finite element modeling of journal bearing ［J］, Tribology International, 2008, 41: 1169 – 1175.

［214］ Wang YQ, Shi XJ, Zhang LJ. Experimental and numerical study on water – lubricated rubber bearings ［J］, Industrial Lubrication and Tribology, 2014, 66: 282 – 288.

［215］ Kuznetsov E, Glavatskih S. Dynamic characteristics of compliant journal bearings considering thermal effects ［J］. Tribology International, 2016, 94: 288 – 305.

［216］ Chen Y, Sun Y, Cao CP. Investigations on influence of groove shapes for the journal bearing in high speed and heavy load press system ［J］. Industrial Lubrication and Tribology, 2018, 70 (1): 230 – 240.

［217］ Zheng EL, Jia F, Sha HW, Shi JF. Non – circular belt transmission design of mechanical press ［J］. Mechanism and Machine Theory, 2012, 57: 126 – 138.

［218］ Liu C, Tian Q, Hu HY. Dynamics of large scale rigid – flexible multibody system composed of composite laminated plates ［J］. Multibody System Dynamics, 2011, 26: 283 – 305.

［219］ 陈浩, 孙宇, 王栓虎. 高速冲床传动系统性能退化分析与可靠性评估 ［J］. 华中科技大学学报（自然科学版）, 2015, 43 (11): 45 – 50.

［220］ Zheng EL, Zhou XL, Zhu SH. Dynamic response analysis of block foundations with nonlinear dry friction mounting system to impact loads ［J］. Journal of Mechanical Science and Technology, 2014, 28 (7): 2535 – 2548.

［221］ 胡峰峰. 多杆高速精密机械压力机动态精度研究 ［D］. 南京：南京理工大学，2017.

［222］ Xu LX, Yang YH. Dynamic modeling and contact analysis of a cycloid – pin gear mechanism with a turning arm cylindrical roller bearing ［J］. Mechanism and Machine Theory, 2016, 104：327 – 349.

［223］ Zheng EL, Jia F, Zhu SH. Thermal modeling and characteristics analysis of the high speed press system ［J］. International Journal of Machine Tools and Manufacture, 2014, 85：87 – 99.

［224］ 王尚斌，孙宇，彭斌彬. 曲柄滑块机构转速波动与动态静力综合分析 ［J］. 华中科技大学学报（自然科学版），2014, 42（1）：28 – 33.

［225］ Xiao MH, Geng GS, Li GH. Analysis on dynamic precision reliability of high – speed precision press based on Monte Carlo method ［J］. Nonlinear Dynamics, 2017, 90：2979 – 2988.

［226］ Chen H, Sun Y. Development and application of reliability test platform for high – speed punch machine clutch brake system ［J］. Journal of Mechanical Science and Technology, 2017, 31（1）：53 – 61.

［227］ 郑恩来，张航，朱跃，等. 含间隙超精密压力机柔性多连杆机构动力学建模与仿真 ［J］. 农业机械学报，2017, 48（1）：375 – 385.

［228］ Wang QT, Tian Q, Hu HY. Dynamic simulation of frictional multi – zone contacts of thin beams ［J］. Nonlinear Dynamics, 2016, 83：1919 – 1937.

［229］ Zheng EL, Zhu R, Zhu SH. A study on dynamics of flexible multi – link mechanism including joints with clearance and lubrication for ultra – precision presses ［J］. Nonlinear Dynamics, 2016, 83：137 – 159.

［230］ Selcuk E. Investigation of joint clearance effects on actuator power consumption in mechanical systems ［J］. Measurement, 2019, 134：400 – 411.

［231］ Tian Q, Lou H, Mikkola A. A new elastohydrodynamic lubricated spherical joint model for rigid – flexible multibody dynamics ［J］. Mechanism and Machine Theory, 2017, 107：210 – 228.

［232］ Xu LX. A method for modelling contact between circular and non – circular shapes with variable radii of curvature and its application in planar mechanical systems ［J］. Multibody System Dynamics, 2017, 39（3）：153 – 174.